우리집 베란다愛
채소 정원 가꾸기

우리집 베란다 愛
채소 정원 가꾸기

마키 후미에(真木文絵) · 이시쿠라 히로유키(石倉ヒロユキ) 지음

정세환 옮김

아카데미북

※ 한국에서 재배 및 품종 구매가 가능한 것들은 가능한 한국 품종으로 명칭을 바꾸었습니다. 일부 품종은 일본 품종 명칭을 그대로 사용하였습니다(편집자).

베란다
채소 정원
만들기

유난히 흙을 좋아하는 우리 부부는 영국에서 잠시 생활했던 적이 있다. 평소 영국식 정원을 동경해 왔던 터라 크나큰 기대를 품고 광활한 정원을 여러 군데 둘러보았는데, 뜻밖에도 가장 인상 깊었던 것은 주방 뒤쪽에 있는 작은 채소밭이었다. 이유는 간단하다. 먹을 수 있는 채소가 바로 곁에 있다는, 말로 표현할 수 없는 만족감이 그 작은 채소밭에 맴돌고 있었기 때문이다. 아마도 '열매'가 갖고 있는 매력에 우리 몸속에 흐르는 농경 민족의 피가 뜨겁게 달아오른 것 같다.

귀국하자마자 우리는 바로 소송채 씨를 심었다. 정원이 없는 다세대 주택에 살고 있었기 때문에 베란다를 정원으로 이용했다. 여기에 재미를 붙여 화분 수는 점점 늘어났고, 어느새 주말 농원까지 빌려 재배하게 되었다. 이런 모습에 나 자신도 놀라웠다.

　흔히 채소 재배에 대해 아이 키우는 것과 같다는 비유를 한다. 그만큼 세심한 마음가짐이 필요하다는 뜻이다. 이 말은 반대로, '잘 보살펴 주고 싶다'는 마음과 정성만 있으면 누구든지 채소를 잘 가꿀 수 있다는 의미도 된다.

　물을 주면서 하루하루 달라지는 모습을 관찰할 수 있다. 어제는 작은 꽃이었지만 오늘은 제법 토마토다운 모양으로 변해 있고, 이런 사소한 변화가 식탁에 화제로 오르면서 가족의 사랑을 받아 채소도 함께 자라는 것이다.

　손이 많이 가든 그렇지 않든 자기 자식이라면 무조건 귀엽고, 자식이 건강하게 자라는 모습은 부모에게 매우 큰 기쁨이다. 베란다에서 자라는 채소도 마찬가지다. 이렇게 시작한 '채소 재배'는 실패를 거듭하면서 어느 새 8년째로 접어들었다. 처음에는

재배 전문가가 쓴 안내서를 보고 따라했지만 이제는 적당히 나만의 방식으로 키우고 있다. 그래도 채소들은 잘 자란다. 굳이 어려운 이론을 따라 하지 않아도 채소는 의외로 잘 자란다. 이 책은 이런 아마추어들을 위한 '간단한 베란다 채소 정원 만들기 안내서'라고 생각하면 된다.

　대형 마트나 슈퍼마켓 진열대에 놓인 것처럼 반듯하고 형태가 좋은 채소는 아니지만 싱싱한 무농약 채소를 집에서 직접 길러 보는 것은 분명 남다른 경험이다. 생산지와 부엌이 직접 연결되어 있어 안심하고 맛있게 먹을 수 있는 채소를 직접 즐겨 보기 바란다.

－ 지은이

베란다 채소 정원에서 자란 채소는 **맛있다**

초여름, 겨우 4개월 만에 감자를 심은 비닐 포대에서 너덜너덜 찢어진 틈으로 흙이 새어 나오고 있었다.

"와~ 감자다!"

흙에서 뒹굴뒹굴 굴러 나오는 감자를 본 아이가 환호성을 질렀다. 기대 이상의 큰 수확이었다. 베란다에서 키운 것이라 '작은 것 2~3개만 열려도 좋으련만……' 하고 생각했는데 자루 속에서 나온 감자는 무려 6개. 크기는 일정하지 않았지만 모두 둥글둥글했다.

감자는 금방 캐낸 것일수록 맛있다. 껍질이 부드럽고 싱싱하기 때문이다. 그 맛을 즐기기 위해 껍질을 벗기지 않고 튀기는 것이 우리 집만의 요리 비법이다. 겉은 바삭바삭하고, 속은 촉촉하면서도 부드러운 맛이 일품이다. 껍질과 속살에 배어 있는 맛을 느끼는 순간이다. 아무런 거리낌 없이 껍질 채 먹는 사치를 누릴 수 있는 것은 직접 재배했기 때문에 가능하다.

베란다 정원에서 가꾼 채소가 맛있는 것은 당연하다. 가장 맛있는 시기에, 신선할 때 바로 수확해서 먹기 때문이다. 또 한 가지 중요한 것은, 애정이 듬뿍 담겨 있다는 사실. 이 덕분에 채소의 맛이 더욱 좋아진다.

채소를 재배하는 즐거움은 이것뿐만이 아니다. 이렇게 수확한 채소를 어떻게 먹을까 하는 행복한 고민도 하게 된다. 푹 익은 토마토라도, 수확량이 겨우 한 개뿐인 피망이라도, 기왕이면 가족들이 '와~' 하고 놀랄 만한 새로운 형태로 조리해서 먹이고 싶다. 예쁜 접시에 담아 놓기도 하고, 매운맛이 돌게 인도풍으로 요리해 보기도 하는 등 이런저런 요리법을 궁리하는 것 또한 즐겁다.

이밖에도 베란다 채소 정원의 장점은 매우 많다. 바로 곁에서 재배하므로 채소의 상태를 바로 알 수 있고, 문제가 생겼을 때도 재빠르게 대응할 수 있다. 향신료로 쓸 채소가 필요할 때 신선한 것을 바로 구할 수 있다는 것도 베란다 채소 정원의 장점이다. 물론 한여름에 물을 주고, 비바람에 대한 대책을 세우고, 집을 비울 때 관리에 신경 써야 하는 등 번거로운 일도 있다. 하지만 맛있는 이야기 뒤에는 숨은 노력과 인내가 필요한 것이다.

원래는 길이가 20~25cm 정도 되는 단단한 무. 그런데 우리 베란다에서 자란 무는 너무 짧은 것 같다.

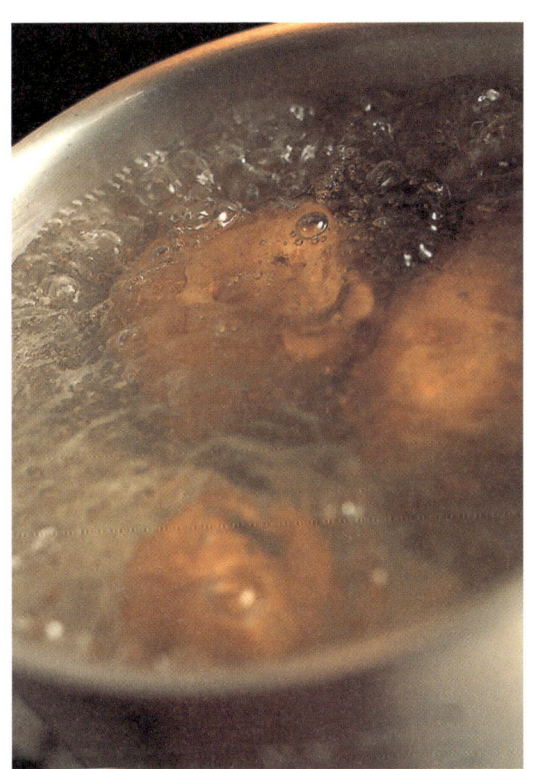

반들반들 윤기가 나면서 디질 듯한 붉은 바늘형 방울토마토. 맛이 정말 진할 것 같다.

우리 집의 여름 베란다 풍경. 열이 잘 흡
수되지 않는 바닥 소재를 사용했기 때문
에 바닥 위에 직접 화분을 놓기도 한다.
남향이라서 볕이 잘 들지만 바람도 잘
통해서 열이 베란다에 쌓이지 않는다. 그
러나 좀 더 공간이 넓었으면 좋겠다.

베란다는 가족 모두의 공간이다. 우리 집
에서는 세탁물, 채소, 아이 둘과 개 두
마리가 공유하고 있다. 특히 흙장난을 매
우 좋아하는 둘째아이 때문에 잠시도 눈
을 뗄 수 없다.

여주는 베란다에서 키우기에 적합한 채소다. 화분에서 재배하기 때문에 잎은 작지만 그만큼 열매가 알차다.

한여름의 베란다에는 건강 채소가 가득!

어느 여름날의 수확물. 머스크멜론과 방울토마토, 살진 강낭콩. 맨 앞에 있는 피망처럼 생긴 채소는 아주 매운 고추인 '하바네로'. 멕시코에서 주로 생산되는 하바네로는 청양 고추보다 10~15배는 더 맵지만 덜 익었을 때 따서 맛이 약간 순했다.

겨울에도
채소를 재배하고 싶다

● 완두콩 모종. 11월에 모종이 나온다. 지나치게 자란 것은 피하고 가능하면 작은 것을 고른다.

●● 마지막 단계의 솎아 내기 작업이 끝난 무. 무는 잎이 크게 벌어지기 때문에 포기와 포기 사이를 충분히 띄워 주어야 한다.

●●● 우리 집의 가을 베란다 풍경. 무·쪽파·브로콜리·양상추·발아한 지 얼마 되지 않은 소송채에 시금치까지. 가을부터 겨울까지 수많은 채소로 넘쳐난다.

하늘과 가까운
옥상 채소 정원

모종이 나오는 시기가 되면 이것저것 욕심 나는 대로 구입하는 것이 채소를 키우는 집의 습관이다. 하지만 베란다에 화분을 많이 놓으면 놓을수록 이불은 물론 빨래도 널 수 없는 지경에 이르고 만다. 결국 제자리를 찾지 못하고 방황하던 채소 모종들이 자리잡은 곳은 건물 옥상이었다. 옥상에서 채소를 재배하려니 하늘 가까이 다가선 듯했다.

옥상은 상당히 넓었지만 급수탑과 대형 에어컨 실외기가 여러 대 설치되어 있었다. 사용 허가는 받았지만 건물 관리인이 정기 점검을 하기 때문에 마음대로 할 수도 없었다. 집 베란다와 달리 지붕이 없는 옥상이라 물 주기는 하늘에서 내리는 비만 믿으면 될 것 같았다. 하지만 햇볕이 지나치게 강하고 뜨거운 바람이 소용돌이치는 바람에 한여름에 물을 주는 일은 굉장히 힘들었다. 새들도 자꾸 날아와서 담아 놓은 물에 몸을 담가 물을 축내는 것은 물론 토마토와 가지를 쪼아대는 등 제멋대로였다. 이곳을 휴식 공간쯤으로 여기는 것 같았다. 옥상은 하늘을 향해 전면 개방되어 있는 공간이라는 사실을 새삼 깨달았다.

빌딩가에 있는 4층 건물에 살고 있는 친구는 옥상에서 채소를 키우고 있다. 하지만 수도를 설치하지 않아서 2층 주방에서 옥상까지 여러 차례 계단을 오르내리며 물을 날라야 한다. 빗물을 담아 두는 탱크가 있기는 하지만 사용량을 따라잡지 못한다. 친구는 소중한 채소와 과일 나무를 위해, 그리고 다이어트를 위해서라고 생각하면 그 정도는 아무것도 아니라고 했다. 친구네 옥상 채소 정원의 명물은 뭐니뭐니 해도 충분한 양을 수확할 수 있는 버찌였다.

열섬(heat island) 현상에 시달리는 도시에서는 '옥상 녹화(綠化)'를 장려하고 있지만 옥상에서 초록 식물을 키우는 일은 그리 간단하지 않다. 하지만 우리 집 옥상에는 감사할 정도로 많은 양의 토마토, 오크라, 여주 등이 열렸다. 도심의 하늘에 드러나 있는 채소 정원이라도 거기에 맞는 채소가 분명히 있다. 게다가 옥상을 채소들로 뒤덮었으므로 건물의 실내 온도도 분명히 내려갔을 것이다. 지구 온난화 방지에 조금이라도 도움이 되었다고 생각한다.

친구네 옥상 채소 정원. 이런 대도시 한가운데에서도 버찌·멜론·수박·무화과 등의
여러 가지 과일을 수확할 수 있다는 사실이 매우 감동적이다.

● 만족할 만한 가지 수확. 말 그대로 풍작이었다. 가지는 대체로 더운 기후를 좋아하므로 옥상에서 재배하기에 알맞다.

●● 눈 속에서 얼어붙은 줄기상추(아스파라거스 상추). 가을에 파종했지만 이때는 추위가 심해서 생각만큼 자라지 않은 상태에서 겨울을 맞이했는데, 눈까지 내렸다.

●●● 옥상 채소 정원은 새들이 놀기에 알맞은 장소. 새들이 열매를 쪼아 먹지 못하도록 옥상 난간을 이용하여 방조용 그물망을 치고 그 안에 화분을 모아 두었다.

가깝기 때문에
매일매일 변화를 **발견***!*

흙 포대에 재배했어도 감자 캐는 일은 매우 즐겁다. 어른과 아이 모두 흥분되는 순간이다. 금방 캔 감자를 바로 튀김으로 만들어 먹었다.

베란다에는 여러 가지 생물이 살고 있다. 사진 은 산란할 때가 가까워진 가을 사마귀. 야도충 (밤나방 유충)과 메뚜기를 잡아먹는 고마운 존재 이다.

베란다 채소 정원을 시작해 보자!

재배의 기본

베란다 채소 정원을 가꿔 보겠다는 결심이 섰으면 바로 실행한다. 우선 베란다에서 채소를 키우기 위
해 알아두어야 할 기초 지식들을 습득해야 한다. 어렵게 생각하지 말고 일단 시작하는 것이 중요하다.
잘 만들기 위한 가장 좋은 비결은 즐거운 마음으로 채소를 키우는 것이다.

베란다도 각양각색,
환경을 체크한다

가장 중요한 것은 햇볕

원예에 대해 아무리 잘 아는 사람이 도전해도 햇볕이 잘 들지 않는 곳에서 자랄 수 있는 채소의 종류는 매우 적다. 채소가 잘 자라지 않으면 채소 정원을 가꾸는 일에 전혀 재미를 느낄 수 없다. 가장 중요한 것은 햇볕이라는 점을 알아두자. 오전부터 동남향에서 햇볕이 들어오는 곳이 가장 좋다. 하지만 햇볕이 잘 든다고 해도 계절에 따라 햇볕이 드는 각도와 일조 시간이 바뀐다는 것을 알아두어야 한다. 채소가 잘 자라게 하기 위해서는 항상 좋은 장소를 찾아서 화분을 적당하게 배치해야 한다.

햇볕과 함께 중요한 것이 통풍(通風). 통풍이 잘 안 되면 열과 습기가 차서 병충해가 발생하기 쉽다. 반대로 통풍이 지나치게 잘되어 바람이 강하게 불면 줄기와 잎, 열매가 상할 우려가 있다. 에어컨 실외기에서 나오는 바람이 채소에 직접 닿지 않도록 꼼꼼하게 체크하는 것도 중요하다.

● 베란다 체크 포인트

베란다 방향 : 햇볕이 드는 방향이나 시간 등에 영향을 준다.
지붕 : 햇볕에 영향을 주는 것 외에도 비와 서리를 막아 준다.
난간 형태 : 벽이냐 창살이냐에 따라 햇볕과 바람이 들어오는 형태가 달라진다.
벽면 : 주로 통풍과 햇볕에 영향을 미친다.
바닥 소재 : 소재에 따라 열 흡수량과 열 반사량이 달라진다.

지붕

햇볕

벽면

바람

난간

바닥

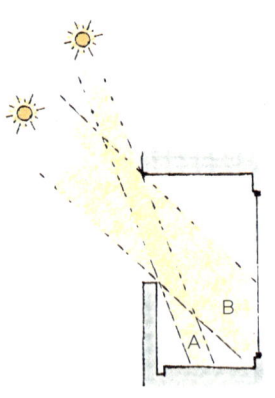

계절의 변화와 햇볕
계절에 따라 태양의 위치가 달라지므로 햇볕이 드는 양도 달라진다. A는 여름철, B는 겨울철에 햇볕이 드는 모습을 나타낸다.

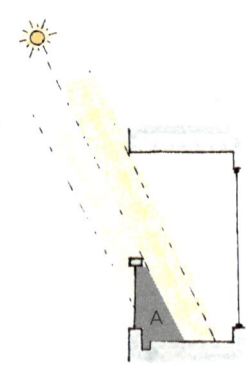

난간이 벽으로 된 경우와 창살로 된 경우
난간이 벽으로 되어 있으면 난간 때문에 햇볕이 차단(A부분)되기 때문에 볕이 드는 부분이 좁아진다.

예전의 우리 집 베란다는 난간이 벽으로 되어 있었다. 난간 벽이 그늘을 만드는 바람에 햇볕을 확보하기 위해 선반을 만들어 그 위에 화분을 놓았다. 화분이 베란다에서 떨어지지 않도록 높이에 신경써야 한다.

베란다의 벽과 바닥, 지붕을 확인하자

베란다 환경에 큰 영향을 미치는 것은 벽과 바닥, 지붕의 구조다. 그러므로 이 세 가지가 어떤 형태로 되어 있는지를 점검해야 한다. 우선 벽을 본다. 벽 주위에는 바람이 들지 않기 때문에 온도가 높아진다. 난간이 창살인지, 콘크리트 벽인지, 반투명 유리인지에 따라 햇볕과 바람이 크게 달라진다. 이것이 베란다의 온도와 습도에도 영향을 미친다.

다음으로는 지붕을 확인해야 한다. 지붕은 햇볕을 차단함과 동시에 비도 막아 준다. 베란다 지붕이 넓든 좁든 비가 내렸다고 해서 물 주는 일을 소홀해서는 안 된다.

그런 다음에는 바닥 소재를 확인해야 한다. 콘크리트일 경우 여름에는 온도가 매우 높아져서 그 열이 바닥에 축적되므로 뿌리부터 식물이 상할 수 있다. 목재 마루를 깔아 화분 전용 선반을 놓거나 화분 바닥에 벽돌 등을 받쳐 바닥과 화분 사이에 틈을 만들어 주는 것이 중요하다.

창살로 된 베란다는 햇볕도 잘 들고 통풍도 잘된다. 여주와 같은 덩굴식물이 창살을 타고 오르게 할 수도 있다.

루프 발코니(옥상에 있는 발코니)와 옥상의 특징

일반적으로 루프 발코니와 옥상에는 장애물이 적기 때문에 햇볕은 잘 들지만 바람도 세다. 가장 꼭대기 층에 위치하는 경우가 대부분이므로 일반 베란다보다 건조해지기 쉽다. 또 바람에 의해 잎과 줄기가 상하기 쉬우므로 버팀목을 세워 끈으로 확실히 묶어 주어야 한다. 옥상에는 빗물을 받아 두는 저수 탱크를 놓을 수도 있다. 수도가 없어서 물을 주는 데 불편하다면 이러한 대안도 필요하다.

지붕이 없는 옥상은 태양이나 바람, 비, 서리, 눈과 같은 자연의 직접적인 영향을 받는다. 한여름에는 강한 햇볕을 피하기 위해 차광막을 사용하고, 겨울에는 서리나 추위를 막아 주는 보온용 천 등을 잘 이용한다.

탱크에 물받이를 끌어들여서 빗물을 받는 구조의 저수 탱크. 뚜껑이 있어서 장구벌레 등이 들어갈 걱정이 없다.

밭을 대신할 흙,
뭐가 좋을까?

좋은 흙을 구입하라

시중에서 파는 채소용 배양토(培養土)를 사면 성가신 수고를 들이지 않아도 된다. 게다가 깨끗하기 때문에 안심하고 사용할 수 있다. 구입할 때는 '비료'가 들어 있는지, '산도 조정'이 끝났는지를 확인해야 한다. 여러 가지 종류의 배양토가 있지만 품질 차이는 역시 가격이 좌우한다. 흙을 구입하는 비용과 사용량에 인색하게 굴 생각이라면 처음부터 그만두는 것이 좋다.

좋은 흙의 조건

좋은 흙은 배수성(排水性)과 보수성(保水性)의 균형이 이루어져 있다. 작은 흙 입자가 모여서 큰 알갱이를 이루고, 그 알갱이와 알갱이 사이에 적당한 틈이 있는 '단립 구조'로 된 것이 가장 좋다. 유기물이 흙과 흙을 잘 붙게 함과 동시에 적당한 틈도 만들어 준다. 틈이 있어서 물과 공기가 잘 통할 뿐만 아니라 식물이 단단히 뿌리내리게 하는 역할도 한다. 또한 좋은 흙은 부드럽기 때문에 조금 축축한 상태에서 손에 쥐면 뭉실뭉실하게 잘 뭉쳐진다.

단립 구조(團粒構造)
흙이 입상(粒狀), 즉 알갱이 모양으로 되어 있어서 그 사이에 크고 작은 많은 틈이 생긴다. 이 틈이 물과 공기가 통하는 길이 되고, 물이 빠진 뒤에는 적당한 수분이 유지되게 한다.

배양토의 구성

시중에서 파는 일반 배양토는 작은 입자의 적옥토를 기본으로 부엽토와 피트모스 등의 유기물과 버미큘라이트나 펄라이트 등의 광물계 흙으로 구성되어 있다(p.23 참조). 부엽토와 피트모스, 퇴비는 통기성과 보수성이 높아 흙을 단립화하는 작용도 한다. 또 부엽토와 퇴비에는 재배에 필요한 미생물도 포함되어 있다. 버미큘라이트와 펄라이트는 가벼우므로 배양토를 가볍게 하는 데 반드시 필요하다.

배양토 조정하기

배양토의 종류는 천차만별이다. 그래서 구입한 흙의 품질이 약간 떨어지는 경우도 있다. 대체로 많이 볼 수 있는 것이 무게가 무겁고 배수성과 보수성의 균형이 이루어지지 않은 경우(p.23 칼럼의 C와 D 흙)이다. 이러한 흙을 사용할 경우에는 퇴비와 부엽토, 버미큘라이트 등을 추가하여 토양을 개량해야 한다. 단, 퇴비와 부엽토는 충분히 부패한 것을 고른다. 낙엽을 잘라서 축축하게만 만들어 놓은 덜 썩은 것을 이용하면 식물 생육에도 좋지 않고 병충해 발생의 원인이 되므로 주의해야 한다.

■ '산도 조정(酸度調整)'이 끝난 흙이란?

일반적으로 중성에서 약산성을 띠는 흙이 채소 재배에 적합하다. 흙의 산성도가 높으면 뿌리에서 양분을 흡수하기 어려워 채소가 잘 자라지 않는다. 이 경우에는 알칼리성을 띤 고토석회 등을 첨가하여 흙을 중화시켜야 한다. 하지만 시판되는 배양토는 산도를 미리 조정해 놓았으므로 그대로 사용할 수 있다.

배양토에 사용되는 주요 흙의 종류와 역할

●기본 흙

적옥토 (赤玉土)	적토를 건조시켜 대·중·소의 입자 크기별로 체에 걸러 나눈 것이다. 통기성·보수성·보비성(保肥性)이 높은 것이 특징이다.

● 성질을 개량하는 흙

부엽토 (腐葉土)	활엽수의 낙엽을 부패시킨 것으로 통기성·보수성·보비성이 풍부하다. 잎이 갈색이고 잎의 형태도 그대로 남아 있는 것은 부패가 덜 된 것이므로 피한다.
퇴비	볏짚이나 음식 찌꺼기, 가축 배설물 등의 유기물을 퇴적하여 미생물로 분해시킨 것을 말한다. 보수성·통기성·보비성이 풍부하다. 흔히 볼 수 있는 것은 쇠똥 퇴비나 바크(나무껍질) 퇴비다.
피트모스 (peat moss)	습지의 물이끼가 퇴적되어 부패된 것이다. 통기성과 보수성이 높고, 부엽토와 동일하게 사용한다. 처음 만들어진 것은 강산성을 띄므로 산도 조정을 한 것인지 확인하고 사용해야 한다.
버미큘라이트 (vermiculite)	질석을 구운 것으로, 매우 가벼운 광물이다. 얇은 층을 형성하고 있어서 보수성과 보비성이 좋고, 통기성도 적절한 것이 특징이다.
펄라이트 (pearlite)	진주석을 구워서 만든 것으로, 하얗고 촉감이 보들보들하다. 다공질이기 때문에 통기성과 배수성이 뛰어나다. 무균 상태의 흙이라는 것도 큰 특징이다. 통기성이 나쁜 흙을 개량하는 데 효과적이다.

시판중인 배양토 점검하기

마트에서 서로 다른 4종류의 배양토를 구입하여 중량과 감촉, 냄새, 내용물 등의 특징과 차이를 조사해 보았다.
※중량은 1L를 기준으로, 내용물은 봉투에 기재된 것을 옮겨 적었다.

A (521g) 천연 유기물·버미큘라이트·펄라이트·완효성 비료의 배합. 흙이 입상으로 되어 있어서 단립 구조를 만드는 것이 특징. 손이 더러워지지 않고 보송보송해서 다루기 쉽다. 특별한 냄새는 없다.

B (425g) 바크 퇴비·암면(rock wool)·버미큘라이트·펄라이트·해조 퇴비·완효성 비료의 배합. 촉감이 말랑말랑하고 가벼운 것이 특징. 보수성이 높은 흙이 많이 들어 있다는 것을 한눈에 알 수 있다. 손에 쥐면 몽실몽실하게 뭉쳐진다.

C (613g) 적옥토·녹소토(鹿沼土)·버미큘라이트·펄라이트·유기 퇴비·초목회·2가철의 배합. 흙 냄새가 나는 배양토로, A와 B에 비해 성질을 개량하는 흙의 비율이 적다. 흙 알갱이가 작고 손에 쥐면 잘 부서진다. 먼지처럼 미세한 흙이 많다.

D (720g) 적옥토·부엽토·펄라이트·유기 퇴비의 배합. 대부분이 적토로 되어 있다. 여기에 약간 크기가 큰 부엽토가 섞여 있어 잔가지들도 보인다. 흙 알갱이가 작고 먼지처럼 미세한 흙도 많기 때문에 무겁다. 말랑말랑한 느낌은 없다.

배수성과 보수성 측정

구멍을 낸 비닐 주머니에 같은 분량의 A·B·C·D를 넣고, 각각 같은 양의 물을 붓는다. 그리고 물이 다 빠질 때까지 매달아 놓는다. 흘러나온 물의 양을 측정하면 흙이 물을 얼마나 머금고 있는지 알 수 있다. 물의 양에 큰 차이가 날 것이라고 생각했지만 의외로 A에서 D까지 거의 차이가 없었다. 하지만 A와 B는 흙 전체가 축축해져 있는 반면 C와 D는 밑에 미세 흙이 쌓여 그 부분의 흙이 질펄질퍽하고 지나치게 습했다. 이것은 제대로 된 단립 구조를 만드는 흙이 어느 정도나 들어 있는지, 또 배수성과 보수성의 균형이 잘 이루어져 있는지의 차이인 것 같다.

배양토에 물을 부어 매달아서 배수량을 비교했다.

오래된 흙 재생하기

병충해가 발생하여 버릴 수밖에 없는 경우를 제외하고는 베란다 채소 정원에서 사용한 흙은 가능하면 재활용한다. 가능하다면 강한 햇볕에 말리는 것이 좋지만 여름철에는 베란다가 화분이나 그 밖의 재배 용기들로 가득 차서 흙을 펼쳐 둘 공간이 없을 것이다. 이럴 때는 시간적·공간적 여유가 생기는 겨울에 한꺼번에 작업해도 된다. 여기서 소개하는 것은 간소화한 방법이지만 이 정도만 해도 괜찮다.

1 식물의 포기를 뽑아낸 뒤 비닐 시트 위에 흙을 펼친다. 화분 밑바닥의 돌을 골라내고, 남아 있는 잔뿌리와 이물질도 골라낸다. 뭉쳐 있는 흙은 잘게 부순다.

2 흙을 펼친 상태로 햇볕이 잘 드는 장소에 몇 주간 놓아둔다. 비를 맞거나 바람에 날아가지 않도록 주의한다.

3 보수성과 통기성을 높이기 위해 퇴비니 부엽토를 첨가한다. 미생물을 많이 함유한 토양 개량제를 첨가해도 좋다. '재활용재', '재생재'라는 이름으로 시판되고 있다. 모종을 심기 전에는 밑거름을 준다.

부엽토 만들기

마른 잎을 모아 부엽토를 만들어 보자. 느티나무나 상수리나무, 단풍나무, 졸참나무 같은 활엽수의 낙엽이 좋다. 낙엽더미에서 눈에 띠는 이물질을 미리 골라낸다.

우선 큰 플라스틱 휴지통을 준비한다. 마른 잎을 15~20cm 정도 넣고 물뿌리개로 물을 뿌려 가볍게 적신 다음 눌러 다진다. 여기에 쌀겨와 깻묵 등의 유기물을 한 주먹 정도 뿌린다. 다시 낙엽을 넣고 가볍게 물을 뿌려 적신 다음 눌러 다지고 유기물을 넣는다. 이 과정을 반복하여 플라스틱 용기에 가득 차면 뚜껑을 덮는다. 이 방법은 용기 바닥에 구멍을 내지 않고 진행하기 때문에 통기성이 약간 나쁘다. 겨울에는 월 2회, 봄에서 가을에는 월 3회 정도 삽으로 잘 섞어 주어 공기가 잘 통하게 한다. 낙엽이 마르지 않게 하는 것도 중요하지만 바닥에 물이 고이지 않게 하는 것도 중요하다. 항상 알맞은 습기를 유지해 줘야 한다. 어느 정도 지나면 미생물의 작용으로 인해 마른 잎이 살짝 따뜻해질 것이다. 1년 정도 지나면 손수 만든 훌륭한 부엽토가 완성된다.

쌀겨

채소에 맞게
화분을 고른다

크고 깊은 화분을 사용하자

맛있는 채소를 가꾸기 위해서는 크고 깊은 화분이 필요하다. 원형 화분은 직경과 높이가 30cm 이상인 것을 사용한다. 사각 플랜터는 넓이 65cm×폭 30cm×높이 30cm 정도인 것이 표준이다. 어떤 소재든 상관없지만 흙이 많이 들어가면 무거워지므로 베란다 바닥을 손상시키지 않기 위해서라도 가벼운 플라스틱 소재로 된 것을 이용하는 것이 좋다.

주변의 여러 가지 물건이 화분으로 변신

플라스틱 소재의 화분은 테라코타 화분에 비해 통기성이 나쁘다. 바꿔 말하면, 쉽게 건조해지지 않는다는 뜻이다. 여름철에는 화분 속까지 뜨거워진다는 것을 미리 알아두자.

요즘 나오는 플라스틱 화분은 겉모양이 마치 테라코타 화분처럼 예쁘고 화려한 것이 많아 고르는 재미도 쏠쏠하다. 예전에는 테라코타 화분만을 고집했지만 요즘에는 플라스틱 화분이 훨씬 많다. 그 밖에 나무 상자와 양동이, 배양토가 들어 있던 비닐 주머니, 마대, 플라스틱 바구니 등도 베란다 채소 정원의 화분으로 사용할 수 있다.

참고로, 흙이 들어 있는 화분은 매우 무거우므로 어떤 종류의 화분이든 들어올릴 때 조심해야 한다.

어떤 크기의 화분에서 무슨 채소가 얼마나 자랄까?

직경 30cm×높이 30cm / 용적 14L 정도의 화분에는 토마토·가지·피망·오이·브로콜리·여주·감자·고구마 등을 각각 1포기씩 키울 수 있다. 무는 2포기, 당근은 3~4포기, 강낭콩은 6포기 정도 키울 수 있다.

여러 포기를 키우고 싶다면 사각 플랜터(넓이 65cm×폭 30cm×높이 30cm/용적 30L 정도)를 사용하자. 원형 화분의 2배 정도의 포기 수를 심을 수 있다.

시금치나 쑥갓·로켓·경수채·래디시·쪽파, 양상추처럼 뿌리를 깊게 내리지 않는 채소는 깊이가 낮은 플랜터나 화분(높이가 15~20cm 정도)을 써도 된다.

베란다 채소 정원에서는
언제 무엇을 키워야 할까?

도대체 무엇을 키워야 할까?

해 보고 싶은 것은 많지만 베란다의 면적은 한정되어 있고, 초보자가 도전하기에 어려운 것도 있다. 이럴 때는 우선은 실패할 확률이 적은 것부터 시작한다. 감자나 고구마 같은 감자류나 강낭콩, 풋콩 같은 콩류는 손이 별로 많이 가지 않아 키우기 쉽다. 소송채나 경수채 등의 잎채소류는 짧은 시간에 수확까지 할 수 있어 재배할 만하다.

과일 채소류에도 도전해 보자. 토마토·가지·피망은 이른바 가지과 3형제로, 손이 다소 많이 가지만 그만큼 수확의 기쁨도 크다. 뿌리채소류로는 무·당근·브로콜리·콜리플라워 정도가 베란다의 기본 채소 구성이다.

물론 자기가 좋아하는 것을 키우는 것이 가장 좋다. 샐러드를 좋아한다면 양상추류와 로켓, 새싹 채소 등을 많이 키워 베란다에 샐러드 밭을 만들면 된다. 시기를 겹치지 않게, 여러 번에 나누어 씨앗을 뿌리면 거의 1년 내내 수확할 수도 있다.

시중에서 구하기 어려울수록 자기 집 채소 정원에 키우고 싶다는 생각이 들 것이다. 특이한 서양 채소나 지방 특산물, 또는 구입하기에는 가격이 부담되는 채소 씨앗과 모종을 구할 수 있다면 한번 키워 보는 것도 재미있다. 하지만 이런 것들은 재배하기 어려운 경우가 많다는 것을 알아두자.

요즘에는 가정 재배용으로 개량된 품종의 채소들이 많이 시판되고 있다. 크기가 아담한 것에서부터 병해에 강한 것, 단기간에 수확할 수 있는 것 등 초보자가 마음 놓고 키울 수 있는 품종이 늘어나고 있다.

제철 채소가 최고

일 년 내내 슈퍼마켓 진열대에 나와 있는 채소에 현혹되어서는 안 된다. 채소에는 '제철'이 있다는 것을 다시 한번 상기하자. 베란다 채소 정원을 가꿀 때의 기본은 시기를 놓치지 말아야 한다는 것. 적절한 시기에 씨앗을 뿌려 알맞게 자란 채소는 속이 충실하고 병충해에도 강해 본래의 맛을 지니고 있다.

중요한 재배 계획

베란다와 옥상이라는 제한된 공간을 효율적으로 이용하려면 화분을 잘 활용해야 한다. 그러기 위해서는 화분마다 연간 재배 계획을 세우는 것이 중요하다. 수확 기간이 긴 채소라도 어디서 중단하고 언제 다른 채소로 바꿀 것인지 등을 미리미리 계획해

재미 삼아 만든 나무 상자 채소밭. 왼쪽부터 새싹 채소류, 파슬리, 그리고 바로 수확할 수 있는 20일파. 모두 깊이가 낮은 화분에서도 키울 수 있는 채소이기 때문에 나무 상자 바닥에 잘게 잘라 놓은 스티로폼을 넣어서 무게를 가볍게 했다. 포기 간격이 좁고 빽빽한 듯해서 익은 것은 부지런히 수확했다.

두면 아무것도 수확하지 못하는 일은 생기지 않을 것이다.

화분을 활용할 때는 채소를 바꿀 때마다 흙을 가볍게 정돈해 준다. 흙을 다 쏟아낼 필요는 없고 뿌리와 이물질만 골라낸 다음 토양 개량제를 첨가하면 된다. 하지만 같은 과의 채소를 계속 재배하면 연작 장해가 발생하기 쉬우므로 새로운 흙으로 갈아 주는 것이 좋다.

주요 채소의 재배 기간

이 책에서 소개하는 채소들의 대략적인 재배 기간을 일람표로 만들어 보았다. 제한된 수의 화분을 효율적으로 활용하기 위한 참고 자료로 이용하기 바란다. 참고로 어떤 채소든 이식 시기와 파종 시기는 조금씩 변할 수 있다. 이에 따라서 수확 기간도 조금씩 달라진다.

(일본 관동 지방의 따뜻한 지역 기준)

분류	채소명	월 1	2	3	4	5	6	7	8	9	10	11	12
깊이가 깊은 화분에 재배	감자		이식 시기					재배 시기					
	토마토												
	가지												
	피망												
	고추												
	오이												
	여주												
	오크라												
	강낭콩(조기 파종)			파종 시기									
	(만기 파종)												
	풋콩(포트 파종)												
	땅콩												
	고구마												
	브로콜리												
	콜리플라워												
	무												
	완두												
깊이가 낮은 화분에서도 재배 가능	바질												
	당근(미니)												
	쪽파												
	순무												
	래디시												
	소송채·경수채												
	시금치												
	쑥갓												
	딸기												
	양상추류(봄 파종)												
	(가을 파종)												
	로켓(봄 파종)												
	(가을 파종)												

5개의 화분을 활용한 연간 재배 계획

계획 1 넓은 베란다

공간 여유가 있는 넓은 베란다에서는 가능하면 대형 화분에 재배한다. 채소용 대형 사각 플랜터(재배 용기)를 사용하면 꽤 많은 양을 재배할 수 있다. 봄에는 잎채소부터 시작해서 감자를 수확한다. 여름에는 수확량이 많은 토마토와 피망 그리고 수확 기간이 긴 여주를 딸 수 있다. 만기 파종을 한 강낭콩은 가을까지 열매를 맺고, 늦은 가을부터 겨울 사이에는 시금치·무·당근·콜리플라워 등을 한 가득 수확할 수 있다. 추운 2월을 제외하고는 거의 1년 내내 무언가를 수확할 수 있다는 것이 즐겁다. 좀 더 공간 여유가 있다면 과일도 재배해 보는 것은 어떨까?

5월 초순의 모습

화분의 종류	월	1	2	3	4	5	6	7	8	9	10	11	12
흙 포대 (폭 48cm×높이 62cm)				감자					당근				
대형 사각 플랜터 (넓이 65cm×폭 30cm×높이 29cm)				래디시		토마토			무				
대형 사각 플랜터 (넓이 65cm×폭 30cm×높이 29cm)				로켓		여주			순무				
원형 화분 (직경 30cm×높이 30cm)				양상추와 상추		강낭콩			시금치				
사각 화분 (한 변의 길이 30cm×높이 30cm)				래디시		피망			콜리플라워				

베란다가 좁은 경우에는 선반 등을 이용하여 공간을 확보하자. 소형 화분도 잘 이용하면 기대 이상의 수확을 누릴 수 있다. 대형 화분은 세 개만 있으면 된다. 이것으로 봄에는 래디시와 완두를, 여름에는 가장 흔한 토마토와 가지를 충분히 심을 수 있다. 가을에는 고구마를 캐는 체험도 할 수 있다. 또 겨울에는 기본 채소인 무와 브로콜리를 수확할 수 있다. 높이가 낮은 플랜터는 딸기 전용으로 바꿔 심기를 할 필요가 없기 때문에 편리하다. 나무 상자는 1년 내내 여러 가지 잎채소를 재배하는 샐러드 채소 전용 화분으로 쓴다. 이때는 연작 장해가 생기지 않도록 토양 개량에 신경 써야 한다. 여기에 작은 허브 화분을 몇 개 놓아두면 더할 나위 없이 완벽한 베란다 채소 정원이 된다.

봄   여름

가을

화분의 종류	월	1	2	3	4	5	6	7	8	9	10	11	12
배양토가 들어 있는 비닐 포대 (폭 40cm×높이 50cm)							고구마					완두	
원형 화분 (직경 30cm×높이 30cm)				래디시			토마토			브로콜리			
대형 플랜터 (넓이 65cm×폭 30cm×높이 20cm)				래디시			가지			무			
나무 상자 (넓이 40cm×폭 30cm×높이 15cm)					양상추		로켓			경수채		소송채	
높이가 낮은 플랜터 (넓이 45cm×폭 20cm×높이 17cm)							딸기						

※계획1, 계획2는 모두 일본 관동 지방의 따뜻한 시역을 기준으로 가정한 것이다. 겨울을 제외하고는 한국과 비슷하다.

잎채소류와 뿌리채소류는
파종부터 시작한다

2종류의 파종법

가능하면 수고를 덜 들이고 베란다 채소 정원을 가꾸고 싶지만 잎채소류와 뿌리채소류는 모종을 많이 판매하지 않기 때문에 파종부터 시작하는 것이 기본이다. 모종을 구하기 어려운 희귀한 종류를 키우고 싶을 때도 씨앗을 구입하는 일에서부터 시작해야 한다. 씨앗을 가지고 채소를 키우는 방법에는 두 가지가 있다. 재배할 화분에 직접 씨앗을 뿌리는 직

파와 포트에 뿌려서 어느 정도 클 때까지 육묘하는 포트 파종법이 그것이다. 각각의 특징이 있으므로 채소에 알맞은 방법을 선택하면 된다. 씨앗을 뿌려서 키우면 모종부터 키울 때와는 다른 즐거움이 있다. 작은 씨앗에서 싹이 트는 모습을 보면 솔직히 감동하지 않을 수 없다. 그 순간 채소에 대한 애정이 한층 더 깊어진다.

씨앗 봉투와 카탈로그는
소중한 정보원

키우고 싶은 채소를 결정하고 씨앗을 구할 때는 맛과 모양만으로 골라서는 안 된다. 우선 파종 시기에 맞는 품종을 찾아야 한다. 또 채소를 재배할 장소의 환경에 맞는 품종을 찾기 위해서는 씨앗 봉투와 카탈로그에 기재된 사항을 잘

읽고 그 특징을 이해해야 한다. 말하자면 채소의 성질에 대한 기초 지식이 필요하다. 알아두어야 할 용어를 몇 가지 모아 정리해 보았다.

● 꽃대
수확이 늦어져 꽃자루가 달려나온 줄기를 꽃대라고 한다. 이 꽃대가 더디게 나오는 것을 만추대성(晩抽薹性)이라 한다. 일반적으로 채소는 꽃대가 자라면 억세지기 때문에 꽃대가 자라기 쉬운 봄 수확 잎채소류를 키울 때는 만추대성 품종을 고르는 것이 좋다.

● 내병성(耐病性)
근두암종병과 같은 병해에 대한 저항력이 있는 품종이 있다. 무농약 재배를 원하는 사람에게 내병성이 높은 품종이 있다는 것은 참으로 고마운 일이다.

● 내한성(耐寒性)·내서성(耐暑性)
추위에 강하거나 더위에 강한 특성을 가진 품종이다. 재배지의 기후를 잘 고려하여 알맞은 종류를 골라야 한다.

● 조생종·만생종
일반 품종보다 빨리 수확할 수 있는 것을 조생종이라 하고, 오랜 기간이 걸리는 것을 만생종이라 한다. 씨앗 봉투와 카탈로그에 생육 일수가 표시되어 있으므로 참고하면 된다. 일반적으로 가정에서 재배하기 위한 목적으로 나온 것은 조생종이 많다.

● F1 1대 잡종(一代雜種)
다른 품종과 교배하여 만들어 낸 잡종을 말한다. 부모 계통보다 강한 성질을 갖고 있지만 1대에서 그치기 때문에 그 씨앗을 뿌려도 같은 품종이 나온다고는 단정할 수 없다. 현재 주를 이루는 것은 F1 품종이다. 이에 반해 씨를 뿌려도 같은 형질의 씨앗을 만드는 것을 고정 품종이라고 한다. 각 지방에 전해져 오는 전통 채소에는 고정 품종이 많다.

씨 뿌리기 순서

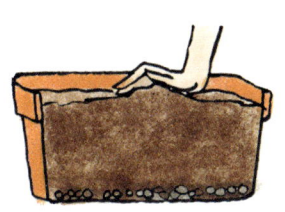

1 화분 바닥에 바닥돌을 넣고 밑거름이 든 배양토를 4/5 정도 채운다.

2 흙을 가볍게 눌러서 전체를 고르게 한다.

3 물뿌리개로 물을 뿌려 흙 전체를 축축하게 적신다.

4 흩어뿌리기·줄뿌리기·점파 등의 방법으로 씨를 뿌린다.

5 씨가 보이지 않을 정도로 흙을 덮는다(복토).

6 노즐 구멍이 작은 물뿌리개로 화분에 물을 준다. 물줄기가 지나치게 세면 씨앗이 떠내려가므로 주의해야 한다.

간단하고 간편한 직파

이식하기를 꺼리는 무와 당근 그리고 단기간에 수확할 수 있는 시금치와 소송채 등의 잎채소류는 화분에 직접 씨를 뿌리자. 씨 뿌리는 방법에는 세 가지가 있다. 채소별로 따로 정해져 있는 방법은 없으므로 하기 쉬운 방법을 선택하면 된다.

흩어뿌리기

로켓이나 시금치, 미니 당근처럼 솎아 내기를 하면서 먹는 채소에 좋은 방법이다. 가볍고 작은 씨를 뿌리는 게 좋다. 둥근 화분을 사용할 때 이 방법이 편리하다.

씨앗이 겹치지 않도록 잘 흩어 뿌린다.

광발아 종자(光發芽種子)

대부분의 씨앗은 발아할 때 빛을 싫어하지만 당근이나 양상추, 쑥갓처럼 빛을 받아야 발아가 잘되는 것도 있다. 이것을 광발아 종자라 한다. 이러한 씨앗들을 뿌린 뒤에 흙을 얇게 덮어 준다.

줄뿌리기

당근·시금치·소송채·경수채 같은 잎채소류에 좋다. 고형 비료를 덧거름으로 줄 때는 씨앗을 뿌린 골과 골 사이에 주면 되므로 작업도 간단하다.

점파

필요한 포기 간격을 정해서 몇 군데에 씨앗을 뿌리는 방법. 무나 순무, 래디시처럼 포기 간격이 비교적 넓은 채소를 키울 때 좋다.

막대 같은 것으로 깊이 1cm 정도의 골을 만든다.

만들어진 골에 씨앗이 겹치지 않게 뿌린다.

병이나 캔의 둥근 바닥을 흙 위에 가볍게 찍어 눌러서 1cm 정도 깊이 외 홈을 만든다.

한군데에 3~4알 정도의 씨앗을 뿌린다.

구하기 힘든 채소는 포트 파종

모종을 구하기 어려운 희귀한 품종을 키우고 싶거나 파종에 적절한 시기가
왔는데도 화분이 준비되지 않았을 때는 포트 파종으로 모종을 만들어 보자.
단, 토마토나 가지처럼 이식할 수 있을 정도로 모종이 자랄 때까지 꽤 오랜
시간이 걸리는 것도 많으므로 파종 시기가 늦어지지 않도록 주의해야 한다.

1 비닐 포트(직경 9cm 정도)에 4/5 정도까지
흙을 채우고 물을 주어 촉촉하게 흙을 적
신다.

2 종류에 따라 다르지만 보통 3~4알의 씨
앗을 뿌리고 흙을 덮는다(복토). 씨앗이 떠
내려가지 않게 주의하면서 물을 준다.

포트 파종에는
어떤 흙을 사용할까?

시중에서 파는 파종용 흙은 작은
씨앗이 묻히지 않도록 입자가 작
고 비료분이 포함되지 않은 것이
특징이다. 발아할 때는 외부의 비
료분이 필요 없다. 비료분이 있으
면 곰팡이가 생길 수 있기 때문이
다. 하지만 가정에서 채소를 키울
때는 밑거름이 든 채소용 배양토
를 사용해도 특별한 문제는 없을
듯하다. 표면의 큰 알갱이는 손으
로 부수면 된다.

파종 후 관리와 솎아 내기

발아할 때까지는 절대로 물이 마르지 않게 해야 한다. 신문
지 등으로 화분 전체와 포트를 덮어 주는 것도 좋은 방법
이다. 발아한 뒤에는 바로 신문지를 걷어 낸다. 그렇지 않
으면 일조량 부족으로 웃자란다.
토마토와 가지처럼 발아와 생육에 기온이 적합하지 않은
시기에 씨앗을 뿌려야 할 때는 난방이 잘되는 따뜻한 실내
에서 관리해야 한다. 가능하면 일조량이 부족해지지 않도
록 주의한다.
발아한 뒤에는 무성하게 많이 나온 부분을 여러 차례에 나
누어 솎아 내서 포기 간격을 적당하게 만들어 준다. 떡잎의
형태가 일그러졌거나 생육이 나쁜 것, 웃자란 것, 다른 것
에 밀려서 나온 것 등을 솎아 내 주면 좋다.

떡잎의 형태가 나쁜 것과 생육이 나쁜 것,
웃자란 것 등을 솎아 낸다.

솎아 낼 때는 남아 있는 싹이 상하지 않게
뿌리 밑동 쪽을 누르면서 핀셋이나 젓가락
을 이용해 뽑는다.

어느 정도 자란 뒤에 솎아 내기를 하면 뿌
리가 자라서 뽑기 힘들다. 이럴 때는 뿌리
밑동을 가위로 잘라 내도 좋다.

간편한 모종으로
재배를 시작한다

모종부터 시작하자

베란다 채소 정원을 손쉽게 가꾸고 싶다면 모종으로 재배할 수 있는 것은 가능하면 모종부터 시작하는 것이 좋다. 모종은 가장 많이 나오는 시기에 다양한 품종을 파는 가게에서 고르면 된다. 모종이 나오는 시기가 반드시 이식하기에 적합한 시기라고 할 수는 없지만 이때를 놓치면 좋은 모종을 구할 수 없다. 구입한 모종은 바로 이식하고, 본래의 이식 시기가 될 때까지 추위나 더위로 인한 피해를 막는다.

좋은 모종 고르는 방법

건강한 모종은 줄기가 굵고 튼튼하며, 잎이 진하다. 포트 밑으로 하얀 뿌리가 뻗어 나올 정도로 힘이 있는 것이 좋다. 포트의 흙이 딱딱하게 굳었거나 병충해가 있어 보이는 것, 흙의 표면이 말라 있는 것 등은 피한다. 오랫동안 팔리지 않고 가게 앞에 놓여 있었거나 제때에 재배되지 않은 것은 나중에 생육이 좋지 않다.

모종 구하기

원예점(화원)이나 대형 마트 등에서 쉽게 구할 수 있지만 채소의 수확 시기와 특징 등의 정보가 표시되어 있는 판매점에서 구입하는 것이 가장 바람직하다. 가게에 따라서 전문가를 위한 온실 재배용 모종을 함께 마련해 놓은 곳도 있다. 점원에게 물어보거나 '가정 재배용' 이라는 표시가 된 것을 고르면 확실하다. 인터넷을 통한 구입도 간편하지만 직접 눈으로 보고 고르지 못한다는 것을 염두에 두자.

모종 이식

1 재배할 채소에 맞는 크기의 화분을 준비하여 밑바닥에 망을 깔고 바닥돌과 알갱이 흙을 한층 깔아 준다.

2 밑거름이 든 배양토를 화분의 4/5 정도 채우고 흙을 눌러서 다진 뒤 모종을 넣을 구멍을 판다.

3 포트에서 모종을 빼고 뿌리 흙이 부서지지 않게 주의하면서 이식한다. 모종의 흙 표면과 화분의 흙 표면의 높이를 일정하게 맞추는 것이 중요하다.

4 화분 밑의 구멍으로 물이 흘러나올 때까지 물을 듬뿍 준다.

채소를 수확한 뒤 화분에서 흙을 쏟을 때 가장 애를 먹는 부분이 바로 밑에 깔려 있는 바닥돌을 분리하는 작업이다. 망사 주머니에 바닥돌을 넣고 주머니 입구를 묶어서 화분 바닥에 놓아 보자. 이렇게 하는 것만으로도 흙과 돌을 분리하는 일이 놀라울 만큼 간단해진다. 화분이 큰 경우에는 주머니를 여러 개 사용하면 된다. 돌을 주머니에 꽉 채우지 않고 여유 있게 넣는 것이 중요하다.

간단한 것 같으면서도 어려운
물 주기의 기본

물은 오전 중에 줄 것

화분 재배에서는 흙의 양이 한정되어 있어 건조해지기 쉬우므로 기본적으로 매일 물을 줘야 한다. 사계절 모두 오전 중에 물을 주는 것이 좋다. 단, 여름철에는 쉽게 건조해지므로 저녁에도 물을 준다. 한낮에는 시든 것처럼 보이다가 저녁이 되면서 생생해지는 것은 다음날 아침까지 물을 주지 않아도 된다.

흙의 표면이 말랐으면 물을 듬뿍 줄 것

흙의 표면이 말랐다면 물을 듬뿍 주어야 한다. 배수성이 좋은 흙이라면 화분 밑으로 물이 흘러나올

것이다. 물 주기는 수분을 공급할 뿐만 아니라 뿌리에 산소도 공급해 준다. 또한 고형 비료를 녹여서 뿌리가 잘 흡수할 수 있게 도와준다.

화분 바닥에 흙 받침판이 있어 물을 빼기 위한 구멍이 옆에 붙어 있는 사각 플랜터는 물이 고여 열과 습기가 차기 쉽다. 물을 줄 때마다 화분을 기울여서 물을 빼 준다.

집을 비울 때 유용한 물 주기 아이템

여행이나 출장 등으로 집을 비울 때를 대비해서 나를 대신해 물을 줄 도구를 마련해 둔다.

페트병

1~2박 정도의 여행이라면 페트병을 이용하여 물을 주는 것도 괜찮다. 흙에 꽂아서 사용할 전용 노즐을 구입해 두어야 한다. 단, 흙에 꽂은 상태에서 어느 정도의 물이 나오는지, 며칠이나 가는지를 사전에 확실히 시험해 봐야 한다.

자동 급수 장치

물을 주는 일정과 시간을 설정해 두면 알아서 물을 주는 장치. 물방울처럼 떨어지는 타입과 스프링클러 타입이 있다. 부재중일 때뿐만 아니라 평소에 사용해도 편리하다.

물이끼, 보수제

물을 충분히 흡수하고 있는 물이끼를 화분의 흙 위에 깔아 두면 흙이 쉽게 건조해지지 않는다. 꽃꽂이 등을 할 때 이용하는 젤 타입의 보수제로 흙 표면을 덮어 주어도 효과가 있다. 부재중일 때뿐만 아니라 한여름 건조 대책으로도 활용할 수 있다.

덧거름을 줄 때
액체 비료와 고형 비료 구분 사용

베란다 채소 정원에 덧거름 주기

흙의 양이 한정된 화분 재배에서는 자칫 비료분이 부족해지기 쉽다. 배양토에 비료가 들어 있어도 덧거름으로 비료분을 보충해 주지 않으면 안 된다. 하지만 한꺼번에 많은 양의 비료를 주면 뿌리가 상하므로 주의해야 한다. 물을 지나치게 많이 주어도 비료가 흘러나간다는 것을 알아둘 것.

액체 비료와 고형 비료

덧거름으로 사용하는 비료에는 효과의 속도에 따라 두 가지 타입이 있다. 각각의 장점을 살려서 잘 구분하여 사용하면 좋은 효과를 볼 수 있을 것이다.

효과도 빠르지만 비료분이 빠져나가는 속도도 빠른 액체 비료는 물에 녹아 있어서 흡수 속도가 빠르다. 즉 속효성(速效性)이 있다. 일반적으로 액체 비료는 농도를 엷게 하여 일주일에서 열흘에 한 번 정도

분말 형태와 입상 형태의 비료 주는 방법

분말 형태와 입상 형태의 비료를 사용할 때는 가능하면 뿌리에서 떨어진 곳을 살짝 파서 비료를 넣고 흙을 덮으면 된다. 물은 비료를 묻어 둔 곳에 준다.

사용한다. 특히 잎채소류에 덧거름을 줄 때 편리하다. 물 주기를 겸할 수 있기 때문에 틈틈이 보살필 수 있는 베란다 채소 정원에 안성맞춤이다.

한편 고형 비료는 오랜 시간에 걸쳐 서서히 효과를 볼 수 있기 때문에 비료를 주는 횟수가 적어 수고를 덜 수 있다는 것이 특징이다. 분말부터 입상까지 여러 가지 형태가 있고, 밑거름으로 사용할 수 있는 것도 많다. 분량과 횟수는 각각의 사용 방법을 따르는 것이 중요하다.

어떤 비료를 고르면 좋을까?

전문가가 아니기 때문에 작물별로 비료를 바꿔서 사용하지 않아도 된다. 질소(N) · 인(P) · 칼륨(K)이 균형을 이루어 동일한 만큼 들어 있는 '채소용' 비료를 고르면 된다. 유기농 재배와 무농약 채소의 유행으로 가정에서 가꾸는 채소밭에서도 유기농 채소가 유행하고 있다. 우리 집도 질소 성분이 많은 깻묵과 인산 성분이 많은 뼛가루를 기본으로 몇 가지 종류의 비료를 섞은 분말 형태의 유기 배합 비료를 사용하고 있다.

■ '질소(N) · 인(P) · 칼륨(K)'이란?

식물이 성장하기 위해서는 여러 가지 영양분이 필요한데, 그중 대표적인 3대 영양소가 질소(N) · 인산(P) · 칼륨(K)이다. 질소는 잎과 줄기를 자라게 하고, 인산은 열매 맺는 것을 촉진한다. 그리고 칼륨은 뿌리의 생육에 효과가 있다. 시판되는 비료에는 이 3대 영양소의 배합 비율이 'N6, P6, K6'과 같이 표시되어 있는데, 이는 각 성분이 6%씩 포함되어 있다는 것을 의미한다.

병충해와의
끝없는 싸움

천적의 힘을 빌리자

채소를 재배할 때는 가능한 농약을 사용하지 않으려고 한다. 그렇기 때문에 진딧물을 퇴치할 때도 무당벌레의 도움을 받는다. 무당벌레는 유충에서 성충이 될 때까지 하루 평균 30마리의 진딧물을 포식하는 대식가이기 때문이다. 배추벌레나 메뚜기 같은 큰 해충은 사마귀가 해결해 주고, 가루받이는 꿀벌이 알아서 없애 준다. 익충(益蟲)이라고 불리는 곤충은 베란다 채소 정원에 있어서 그야말로 환영할 만한 손님이다. 이런 이유로 우리 집에서는 약을 사용하지 않고 부직포로 해충을 물리적으로 막거나(p.41 참조) 잡아 없애서 병충해의 발생을 예방하고 있다.

마리골드(천수국)로 선충 퇴치

뿌리채소류에서 특히 신경 써야 할 것은 선충의 피해다. 선충은 뿌리에 손상을 주어 생육을 악화시키는데, 여기에 효과적인 마리골드를 섞어 심으면 피해를 막을 수 있다. 잎, 줄기, 뿌리를 흙 사이사이에 심어 놓으면 효과가 더욱 커진다. 사진은 가지와 프렌치 마리골드를 함께 심은 것.

여러 가지 병해

눈으로 보기에는 비슷한 증상이 많아 병명을 정확히 판단할 수 없을 때가 많다. 이상 증상이 보이면 재빨리 그 포기를 뽑아 버리거나 병에 걸린 잎을 따야 한다. 동시에 통풍과 물 주는 방법도 재점검한다.

흰가루병

잎과 줄기에 흰 가루를 뿌린 것처럼 곰팡이가 생기고, 금방 포기 전체로 확산된다. 이 증상이 발견되면 그 잎을 즉시 떼어 버린다. 오이나 딸기, 가지 등에서 많이 발생한다.

모자이크병

잎에 짙고 옅은 색의 모자이크가 나타나고 잎에 기형이 생겨 쪼그라드는 병. 진딧물이 매개체가 되어 전염되며, 이 병에 걸리면 그 포기는 바로 뽑아 버려야 한다. 처리가 늦어지면 다른 포기로 병이 옮는다. 토마토나 피망 등에서 피해가 많이 발생한다.

잿빛 곰팡이병

꽃과 열매가 썩어 회색에서 회갈색의 곰팡이가 생기는 병으로, 가지와 딸기에서 많이 발생한다. 저온 다습할 때 발생하기 쉽고, 그 꽃과 열매는 따 버려야 한다.

여러 가지 충해

벌레가 잎을 갉아먹은 흔적은 없는가? 잎 색깔이 나빠지지는 않았는가? 주위에 배설물이 떨어져 있지는 않은가? 매일 관찰할 수 있는 베란다 채소 정원에서는 해충도 빨리 발견할 수 있다. 끈끈이 테이프를 달아 놓으면 진딧물이나 온실가루이 성충, 잎굴파리 등을 잡을 수 있다.

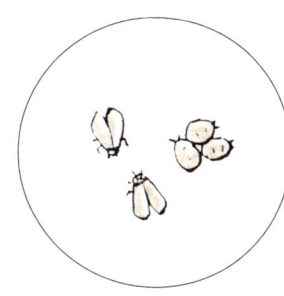

온실가루이 성충

잎을 뒤집으면 확 날아오르는 하얀 가루처럼 생긴 작은 벌레다. 가지와 토마토, 오이 등에서 볼 수 있고, 그을음병의 원인이 되기도 한다.

진딧물

대부분의 채소에 피해를 준다. 새싹과 잎의 뒷면에 붙어서 즙액을 빨아먹음으로써 식물을 쇠약하게 만들고, 모자이크병과 그을음병 등을 옮긴다. 봄·가을에 번식하고, 무당벌레나 풀잠자리 유충 등의 천적이다.

나비와 나방의 유충

애벌레나 배추벌레라고 부른다. 브로콜리와 파슬리를 비롯한 대부분의 채소를 갉아먹으므로 눈에 띄는 대로 잡아서 없애야 한다. 길이가 1cm 정도인 좀나방 유충은 유채과 채소를 좋아하고, 건드리면 실 같은 것을 늘어뜨려 흙으로 떨어져 재빨리 도망간다.

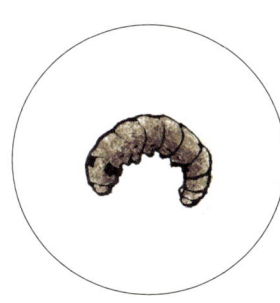

야도충

대낮에는 흙속에 몸을 감추고 있다가 밤이 되면 나와서 잎을 갉아먹는다. 배양토를 사용하여 화분에서 재배하는 채소에는 비교적 적지만 구입한 모종에 붙어 있는 경우가 있으므로 뿌리 부분을 확인해 봐야 한다.

큰이십팔점박이무당벌레

해충을 잡아먹는 무당벌레로 착각하는 경우가 많다. 등에 28개의 검은 반점이 있고, 광택이 없다. 토마토와 감자 잎을 갉아먹기 때문에 진딧물이나 유충의 천적이 되는 칠성무당벌레와 잘 구별해야 한다.

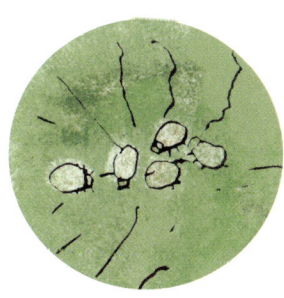

진드기류

육안으로는 판별할 수 없는 것도 많아서 참으로 성가신 해충이다. 가지와 피망에 기생하는 차먼지응애처럼 새순에 붙어서 성장을 멈추게 할 수도 있다. 고온 건조한 시기에 발생하기 쉽다.

민달팽이

새순과 연한 잎을 갉아먹는다. 은색의 반짝이는 술무늬가 있다면 민달팽이가 기어간 흔적이다. 야행성이기 때문에 낮에는 화분 뒤쪽에 숨어 있을 때가 많다. 맨손으로 만지면 한동안 끈적대므로 젓가락 등으로 집어서 잡아야 한다.

한여름의 혹독한 환경 속에서
채소를 지킨다

베란다의 여름은 가혹하다

한여름에 채소를 관리하기란 정말 힘든 일이다. 최근 몇 년 사이 과거에 비해 온도가 높아진 것도 한몫 한다. 게다가 직사광선이 내리쬐는 옥상과 베란다는 태양의 반사열에다 에어컨 실외기에서 나오는 열풍까지 가세해 더욱 기온이 높다. 밤이 되어도 기온이 좀처럼 내려가지 않는 열대야도 많아졌다. 이런 혹독한 환경에서는 제아무리 열대 식물인 가지도 키우기가 힘들다. 그래서 더위로부터 채소를 지키기 위한 대책이 필요한 것이다.

뿌리 지키기

한여름에 베란다에서 채소 정원을 가꾸는 데 있어 가장 중요한 것은 뿌리를 돌보는 것이다. 뿌리의 생육 적정 온도는 지상의 생육 적정 온도보다 10℃ 정도 낮다고 한다. 뿌리를 지키기 위해서는 화분을 콘크리트 위에 직접 놓지 말고 직사광선이 닿지 않게 해야 한다.

에어컨 실외기에 주의

열대야가 계속될수록 에어컨도 계속 가동되게 마련이다. 이렇게 되면 베란다와 옥상에 설치된 실외기에서 항상 뜨거운 바람이 나오므로 바람이 채소에 닿지 않도록 화분 놓는 위치에 주의해야 한다.

물 주는 요령

물은 아침이나 저녁처럼 비교적 시원한 시간대에 주는 것이 기본이다. 하지만 심하게 건조하거나 그대로 두었다가는 시들어 버릴 것 같다면 한낮이라도 물을 준다. 단, 그 화분은 반드시 그늘로 옮겨 주고, 다음 날 아침에 물을 줄 때 다시 햇볕에 내놓는다.

받침대로 통풍시키기

한여름에는 베란다 바닥에서 반사되는 열도 간과할 수 없다. 콘크리트는 열을 쌓아 두기 때문에 화분을 바닥에 직접 놓으면 흙의 온도가 높아져 뿌리가 상한다. 나무 받침대나 벽돌을 받쳐서 화분 바닥 사이에 틈을 만들어 통풍이 잘되게 해야 한다.

차광막으로 시원하게

직사광선을 차단하는 데 차광막만큼 뛰어난 것은 없다. 햇볕을 차단하면 찌는 듯이 더운 베란다와 옥상도 시원해진다. 가볍고 부피가 크지 않기 때문에 갈대로 만든 발보다 사용하기도 쉽다. 겨울에는 서리를 막는 데 이용할 수도 있다.

버팀목을 세우는 방법

키가 자라거나 열매가 무거워졌을 때 또는 덩굴 채소를 키울 때는 버팀목이 필요하다. 베란다와 옥상은 의외로 바람이 강하므로 버팀목을 세워 덩굴과 줄기를 끈으로 단단히 고정해야 한다. 원예용 버팀목은 플라스틱으로 된 것과 대나무로 된 것이 있고, 길이는 75cm·90cm·120cm·150cm가 규격이다. 버팀목을 세울 때는, 토마토나 가지

같은 대형 채소의 경우 재배 용기 깊이의 2배 정도를 기준으로 하면 된다. 즉 깊이가 30cm인 재배 용기라면 60cm짜리 버팀목을 사용한다. 버팀목을 똑바로 세운다면 흙속에 들어가는 정도를 더해서 90cm짜리 버팀목을 준비하면 된다. 단, 모종을 이식할 때 임시로 세우는 버팀목은 조금 짧아도 된다. 만들어 놓은 버팀목도 시판되고 있다.

여러 가지 형태의 버팀목

덩굴과 줄기를 끈으로 버팀목에 고정할 때는 헐렁하게 8자형으로 묶는다.

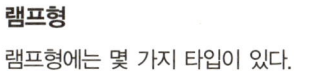

피라미드형

3~4개의 버팀목을 세워 끝을 묶는다. 토마토의 경우 중심에 버팀목을 받쳐 주는 또 하나의 버팀목을 세운다.
※ 토마토·오이·강낭콩·완두 등에 사용

램프형

램프형에는 몇 가지 타입이 있다.
※ 토마토·오이·강낭콩·완두 등에 사용

크로스 타입

두 개의 버팀목을 교차시켜 중앙에 이것을 받쳐 주는 버팀목을 세운다.
※ 중심 줄기와 곁줄기 두 개만 남겨서 총 세 줄기의 구조로 재배하는 가지와 피망 등에 사용

두 개의 버팀목을 아치 형태로 구부려 세워 주변을 끈으로 감는다.

합각(合閣) 타입

버팀목을 합각형으로 맞춰 세운다. 사각 플랜터에는 이 형태가 편리하다.
※ 풋콩·토마토·오이 등에 사용

링이 붙어 있는 램프형 버팀목도 있다.

3~4개의 버팀목을 세워 끈으로 감는다.

겨울철 베란다 채소 정원의
주의 사항

추위 대책 세우기

시금치·쑥갓·경수채·소송채 같은 잎채소는 겨울이 제철이다. 잎채소류는 찬 공기와 닿으면 위기 상황을 감지하여 내한성을 높이기 위해 전분을 당으로 바꾸기 때문에 더욱 맛있어진다고 한다. 하지만 기온이 너무 내려가 서리를 맞으면 잎의 조직이 얼어서 잎 끝이 상한다. 맛있게 자란 채소가 서리 때문에 망가지면 모든 것이 허사가 되므로 주의해야 한다.

서리 피해는 겨울뿐만이 아니다. 봄에 내리는 늦서리도 토마토와 가지 모종을 못쓰게 만들 수 있다. 그러므로 베란다 채소 정원을 가꾸는 집은 항상 일기 예보를 확인하고, 기온이 갑자기 내려간다고 한 날은 한랭사(寒冷紗)나 부직포 등의 방한용 시트를 덮어 준다. 보온 효과가 높은 스티로폼 상자 안에 화분을 넣어 두거나 포장용 에어쿠션 비닐로 화분을 감싸 주는 것도 효과가 있다.

겨울에 물 주기

물은 화분의 흙 표면이 말랐을 때 주는 것이 기본이지만 겨울에는 특별히 주의해야 한다. 우선 한랭사와 부직포 등을 사용할 경우와 그렇지 않을 경우는 흙의 건조 상태가 다르므로 잘 확인한 뒤에 물을 주어야 한다. 그리고 추운 계절에는 밤에 물을 주면 밤에 흙속의 수분이 얼어 뿌리가 상하므로 반드시 오전 중 따뜻한 시간대에 주어야 한다.

간이 온실

지지대를 세워 재배 용기 위에 비닐을 덮으면 간이 온실이 된다. 부직포보다 보온성이 높아서 생육이 빠른 반면 습기와 열이 잘 차므로 통기구를 열어 놓아야 한다. 따뜻해지기 때문에 겨울에도 진딧물이 발생할 수 있다. 두껍고 투명한 비닐을 사용하는 것이 좋다.

이중 화분

겨울 추위로부터 뿌리를 보호하는 방법으로, 화분을 이중으로 겹쳐서 사용하는 방법이 있다. 화분과 화분 사이에 틈이 있어 열이 전달되기 어렵다. 쓰지 않고 남아 있는 화분이 있다면 꼭 한번 해 볼 것. 여름철 더위 대책에도 도움이 된다.

원예용 시트 활용하기

한랭사와 차광막, 부직포 등의 원예용 시트는 추위와 서리를 막아 주고 햇볕을 차단한다. 벌레와 새, 바람을 막아 주고 보온까지 해 주는 우수한 기능도 있다. 원예용 시트는 소재와 종류가 다양하므로 그 특징을 이해하고 잘 활용해야 한다.

한랭사 화학 섬유와 면으로 만들어진 그물 형태의 천으로, 흰색과 검은색 등이 있다. 차광률이 높은 검은색은 주로 여름에 햇빛 가리개로 사용하고, 흰색은 차광률이 낮아 주로 겨울에 방한용으로 사용된다.

차광막 한랭사와 마찬가지로 화학 섬유 등으로 만들어진 그물 형태의 천으로 흰색·검은색·은색 등이 있다. 알루미늄박을 짜 넣거나 알루미늄을 진공 증착시켜 방충 효과와 차열 효과를 높인 것도 있다. 용도에 맞게 차광률과 부수 효과가 있는 것을 골라 사용하자. 바람막이로도 사용할 수 있다.

부직포 빈틈없이 짜여진 시트라고도 불리는 부직포는 얇고 가벼운 것이 특징이다. 방한과 서리 방지 외에도 벌레와 새를 막아 주고, 보온·보습 등의 효과도 기대할 수 있다. 그러나 차광률은 모두 다르므로 가능하면 빛이 잘 통과되는 것을 고른다. 덮어 둔 채로 그 위에 물을 줄 수 있는 것과 그렇지 않은 것이 있다. 화분 모양에 맞게 만들어진 시트와 버팀목이 한 세트로 된 상품도 다양하다.

다양한 시트 사용법

채소의 크기가 작을 때는 화분과 플랜터에 직접 부직포를 덮어 빨래집게 등으로 고정한다. 방한과 방충, 새의 접근을 막는 데 도움이 된다.

채소가 자라면 시트가 직접 채소에 닿지 않게 버팀목을 세워 그 위에 시트를 덮는다. 사진처럼 버팀목을 구부려서 만든 돔 형태도 좋고, 3~4개를 세워서 윗부분을 묶어 원추형으로 만들어도 좋다.

여름철 직사광선을 막기 위해서는 차광막과 한랭사를 사용하면 좋다.

플랜터에 시트를 덮을 때도 버팀목을 잘 이용하자. 철사가 들어 있는 와이어(wire) 버팀목은 자유롭게 구부릴 수 있어 편리하다.

지렁이의 힘으로
퇴비 만들기

지렁이 사육 전용 용기

지렁이는 대단하다!

진화론으로 유명한 다윈이 그의 생애를 걸고 지렁이를 연구했다는 사실을 알고 있는 사람은 의외로 많지 않다. 그렇다면 지렁이에게는 어떤 매력이 있는 것일까?

지렁이는 흙속을 돌아다니면서 썩어 있는 마른 낙엽 등을 먹는다. 지렁이가 움직임으로써 흙이 뒤섞여 공기가 공급되고, 입상 형태의 지렁이 배설물은 흙 사이에 알맞은 틈을 만들어 준다. 게다가 지렁이의 배설물에는 식물의 생육에 필요한 미네랄과 아미노산이 뿌리가 흡수하기 쉬운 상태로 포함되어 있다. 그렇기 때문에 지렁이가 있는 흙은 식물에게 매우 좋다고 할 수 있다.

나는 당장 지렁이를 구입하기로 결심했다. 정원과 밭에 있는 것은 똥보지렁이인데, 사육하기에 알맞은 것은 실지렁이라고 불리는 작은 지렁이다. 이것을 사육하는 전용 용기까지 있다는 사실에 매우 놀라웠

다. 그 용기는 비료 성분도 있는 입상 형태의 배설물을 간단하게 골라낼 수 있게 되어 있었다. 먹이는 주방에서 매일 나오는 채소와 과일 껍질, 과일 심, 녹차 찌꺼기, 커피 찌꺼기 등으로 쓰레기를 줄이는 데도 한몫 했다. 정말 그 어디에도 쓸모없는 곳이 없지 않은가? 지렁이를 이용한 쓰레기 처리는 환경 선진국인 독일이나 호주, 뉴질랜드 등에서는 이미 널리 실천되고 있다고 한다.

직접 민든 지렁이 배설물을 영양 삼아 쑥쑥 자란 베란다 채소들은 수확된 뒤에 다시 지렁이 상자로 들어가 영양분이 된다. 그리고 다시 분해되어 배설물이 되고, 또 다시 화분으로 돌아간다. 이것은 일찍이 농가에서 채소 쓰레기더미에 실지렁이가 번식했던 것과 같은 이치로, 옛날부터 지렁이가 퇴비를 만들어 왔다는 것을 알 수 있다. 아무튼 비좁은 우리 집 베란다에서도 묵묵하게 자기 일을 하는 이름 없는 지렁이들은 훌륭하다.

'지렁이 상자' 이용 포인트

● 지렁이는 채소와 과일 껍질, 과일 심, 잘게 부순 달걀 껍질, 커피와 녹차 찌꺼기, 홍차 잎(티백도 OK), 빵, 물에 풀어놓은 밥 등을 좋아한다. 파나 고추처럼 냄새가 강하고 자극적인 음식물과 감귤류(껍질 성분이 지렁이에게 맞지 않음), 뼈를 포함한 고기와 생선, 세제가 묻은 것 등은 주지 말아야 한다. 양념하기 전에 나온 음식물 쓰레기를 주면 된다.

● 지렁이가 하루에 먹는 먹이의 양은 체중의 1/2 정도다. 지렁이가 먹는 것을 보면서 양을 조절한다. 야자섬유와 신문지도 먹으므로 먹이가 없어져도 바로 죽지는 않는다.

● 가끔씩 물을 뿌려 주어 상자가 건조해지지 않도록 한다.

● 쾌적한 환경이 되면 상자 안의 지렁이 수는 점점 늘어난다. 하지만 용기의 적당량 이상으로 늘어나지는 않고 자연 도태된다. 참고로 실지렁이의 수명은 3~4년 정도다.

● 지렁이는 기온이 5~30℃ 정도일 때 가장 활발하게 움직인다. 한여름에는 음식물 쓰레기가 쉽게 부패하므로 1회에 해당하는 먹이량을 줄인다. 그리고 습기와 열이 차지 않게 그늘진 곳에 놓아둔다. 한겨울에는 실내에 들여놓거나 상자를 박스나 낡은 담요로 덮어서 보온한다. 기온이 낮아지면 먹이를 거의 먹지 않는다.

● 지렁이 상자 밑바닥으로 나온 수분은 액체 비료로 사용할 수 있다. 커피처럼 색이 진하면 몇 배로 희석하여 사용해야 하지만 옅은 색이라면 그대로 사용해도 문제없다.

● 배설물을 이용할 때는 야자섬유를 통째로 끄집어낸다. 지렁이는 상자에 다시 넣고 눈에 띄는 음식물 쓰레기와 신문지를 빼낸다. 그리고 배설물이 섞인 야자섬유는 통째로 흙에 섞어서 사용한다. 음식물 쓰레기와 신문지는 지렁이 상자에 다시 넣어도 된다.

'지렁이 상자' 만들기

지렁이를 키워 보고 싶어하는 사람들을 위해 양동이를 이용한 간단한 사육법을 소개한다. 지렁이는 어둡고 습한 환경을 좋아하지만 물에 잠긴 상태에서는 살아갈 수 없다. 주 2~3회 정도 젓가락 등으로 양동이를 살살 휘저어 공기를 공급해 주자. 이렇게 하면 먹이가 부패되는 것도 막을 수 있다. 배설물이 늘어나면 야자섬유를 통째로 흙에 섞어서 사용하면 된다.

■ 준비물
• 뚜껑 있는 양동이(크기는 자유)
• 바닥 물받이 접시
• 야자섬유 배양토(블록형으로 압축한 것이 구하기 쉽다.)
• 실지렁이(낚시 용품점에서 구입 가능)
• 신문지
• 먹이(채소 쓰레기나 찻잎 찌꺼기 등)

1 양동이 바닥과 뚜껑에 드릴로 작은 구멍을 여러 개 뚫는다. 구멍이 너무 크면 지렁이가 빠져나오거나 해충이 침입할 수 있으므로 주의한다.

2 물로 충분히 적셔 놓은 야자섬유를 잘 풀어서 양동이의 절반 정도 채운다. 이것은 지렁이의 거처가 되기도 하고 먹이가 되기도 한다. 야자섬유 위에 지렁이를 놓는다.

3 잘게 자른 채소와 과일 껍질·과일 심·씨앗·찻잎 찌꺼기·커피 찌꺼기 등을 지렁이 위에 놓는다. 잘게 자르면 지렁이가 먹기 쉽기 때문에 처리도 빨라진다.

4 신문지를 가늘고 길게 찢어 먹이가 노출되지 않게 덮는다. 신문지는 방충과 보습 효과가 있다. 분무기로 물을 듬뿍 뿌려 주고, 파리 등이 들어가지 않도록 뚜껑을 덮는다.

베란다와 옥상을 이용할 때 주의할 점

베란다나 옥상에서 안전하고 즐겁게 채소를 키우기 위해 주의해야 할 점 몇 가지를 간단히 정리해 보았다.

| 무게 |

흙은 의외로 무겁다. 물론 철근이나 철골철근 콘크리트로 된 맨션은 충분한 하중을 계산하여 만들어졌기 때문에 채소 재배 용기를 몇 개 놓는다고 해서 그리 큰 문제가 되지 않는다. 하지만 낡은 옛날 아파트나 목조 주택에서는 하중 계산을 하지 않아 강도가 충분하지 않은 곳도 있다. 만일을 위해 시공업자나 집주인에게 확인하여 안전을 기하자.

| 피난 통로를 막지 말 것 |

다세대 주택의 베란다나 루프 발코니, 옥상 등은 피난 통로를 겸하고 있는 경우가 많다. 옆집 사이에 있는 피난용 칸막이 벽은 깨질 수 있게 만들어져 있어서 긴급 시에 피난 통로가 된다. 이 벽 앞에 트렐리스(trellis, 격자 울타리) 화분대를 설치하거나 벽 주변 또는 통로 중간에 큰 물건을 놓아서 피난 통로를 막는 일이 없도록 주의해야 한다.

그리고 피난용 해치(피난 사다리가 수납되어 있음)는 누구나 찾기 쉬운 곳에 놓아두어야 한다. 바로 뚜껑을 열 수 있도록 그 위에 무거운 재배 용기나 바닥재 등을 올려놓지 말고 해치가 완전히 열리도록 주위를 깨끗하게 정돈해 둔다. 그리고 의외로 쉽게 지나칠 수 있는 것이 위층에서 내려오는 피난 사다리 장소다. 사다리를 타고 내려온 사람이 바닥에 설 수 있도록 베란다 천장의 해치 아랫부분과 그 주위에도 물건을 두지 않아야 한다. 피난용 칸막이 벽과 해치를 연결하는 피난 통로는 60cm 이상의 폭을 확보해 두어야 한다. 생명이 걸려 있는 일이므로 확실하게 주의해야 한다.

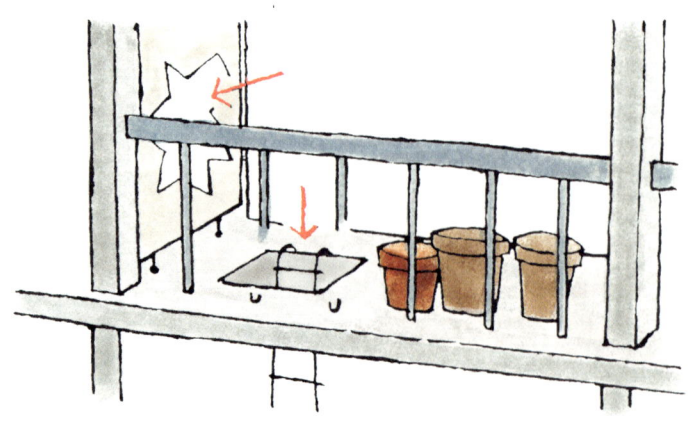

| 누수 |

베란다는 루프 발코니나 옥상과는 달리 방수 처리가 제대로 되지 않은 곳이 많다. 베란다 콘크리트 위에 직접 벽돌 등을 깔아 놓으면 물이 고여 아래층으로 샐 수도 있다. 배수로에 물건을 놓고 물의 흐름을 막아 버리는 경우도 물이 샐 우려가 있다. 배수관도 막히지 않게 주의해야 한다. 베란다를 부지런히 청소하여 배수구에 흙과 낙엽이 흘러들어 가지 않게 주의해야 한다. 낙엽 등의 쓰레기를 그대로 두면 바퀴벌레나 쥐며느리 같은 벌레가 생긴다. 또한 물이 고여서 누수의 원인도 되므로 틈틈이 청소

해 주어야 한다. 난간 옆에 놓은 식물에 물을 줄 때도 아래층으로 물이 떨어지지 않게 주의한다.

| 낙하 |

가벼운 물건이라도 높은 곳에서 떨어지면 가속도가 붙어 매우 위험하다. 그러므로 화분을 난간에 걸쳐놓거나 걸이용 화분을 매달 때는 반드시 베란다

안쪽으로 놓는다. 난간 위에 화분을 올려놓는 것은 절대 금물. 난간 옆에 선반을 설치하여 화분을 놓을 경우에도 선반 높이에 신경 써야 한다. 난간과 비슷한 높이라면 화분이 난간을 타고 넘어 밑으로 떨어질 우려가 있다.

또한 베란다 쪽은 바람이 강하게 불 때가 많으므로 베란다에 놓아둔 물건이 바람에 날아가지 않도록 주의하고, 걸이용 화분을 매달 때도 단단히 고정해야 한다. 태풍과 강풍이 예상되는 날에는 가벼운 물건은 실내에 들여놓는다. 어린 아이가 있는 가정에서는 난간 옆에 발 디딤판이 될 만한 화분과 화분대 등은 놓지 않도록 주의해야 한다.

| 관리 규약 확인하기 |

피난 통로 확보에 관한 규정 외에 경관을 보호할 목적이나 그 밖의 이유로 베란다와 옥상 사용에 제한을 둔 경우도 있다. 그러므로 맨션에 살고 있는 경우는 관리 규약도 한번 확인하도록 하자.

이런 채소를 키우고 싶다!

26가지 권장 채소 재배법

베란다에서 채소를 기를 때는 화분으로도 간단하게 재배할 수 있고 수확량도 만족할 수 있어야 하며, 눈으로도 즐길 수 있는 것이 가장 좋다. 지금부터는 실패를 거듭하면서 터득한 '아마추어를 위한 채소 재배법'과 '26가지 권장 채소'를 소개한다.

이 장을 보는 방법

● 재배하기 시작하는 시기에 따라 4개의 그룹으로 나누어 소개한다.

● 작업과 관리, 수확 시기는 관동 지방의 따뜻한 지역을 기준으로 했다. 하지만 같은 지역이라도 베란다 환경에 의해 시기가 늦어지는 경우가 있으므로 채소 상태를 잘 관찰하면서 작업한다.

● 각각의 채소를 얼마나 키우기 쉬운지, 수확량에 대한 만족도는 어떠한지, 눈으로 보는 즐거움은 어느 정도인지를 각각 3단계로 평가하고 있다.

● 아마추어의 시각에서 본 재배 요령을 '이것으로 OK!', '여기는 확실히!'로 표시해 놓았다.

● 덧거름에 사용할 고형 비료는 N5, P5, K5 정도의 분말 형태 유기 배합 비료를 기준으로 설명한다(p.35 참조). 비료에 따라 공급 횟수와 양이 다르므로 각 사용법에 따르도록 한다.

봄부터 시작하는 채소

콩만큼은 늘 신선한 것을!

어느 날, 금방 따 낸 신선한 강낭콩 꼬투리를 참깨 소스에 묻혀 식탁에 올렸다. 녹색 채소를 매우 싫어하는 큰아이에게 억지로 먹였더니 입에 넣자마자 "어? 맛있다!" 하며 방긋 웃는 것이었다. 내가 해 낸 것이다. 사실 우리 집 강낭콩이 맛있는 이유는 따로 있다. 시중에서 파는 강낭콩보다 작은 크기일 때 수확하기 때문이다. 말하자면 조기 수확하는 것이다. 꼬투리가 부드럽게 휘어질 정도일 때가 가장 먹기 좋다.

신선한 맛은 다른 곳에서도 찾을 수 있다. 바구니 가득 딴 땅콩을 껍질째 천천히 삶으면 된다. 다 익은 껍질에서 꺼낸 땅콩은 놀랄 만큼 촉촉하고 달콤하다. 시장에서 파는 땅콩과는 비교할 수 없는 맛이 난다. 금방 따서 갓 삶아 낸 땅콩에서만 맛볼 수 있는 더할 나위 없이 훌륭한 맛이다. 땅콩을 볶아서 만든 땅콩버터의 고소함은 본고장에서 온 미국인들도 놀랄 정도였다.

풋콩은 신선도가 생명이다. 열을 균등하게 가하기 위해 그루째 뽑은 풋콩 꼬투리 끝을 하나하나 조심스럽게 가위로 자른다. 내 손으로 심은 풋콩이기 때문에 이런 작업도 전혀 귀찮지 않다. 약간 덜 익혀서 삶은 것을 입 안에 넣으면 오독오독 씹히는 맛과 콩 특유의 향기를 음미할 수 있다. 이것이 우리 집만의 풋콩을 즐기는 방법이다. 어떤 채소든 신선한 것이 맛있다는 것은 당연한 사실이다. 특히 콩의 향기는 바로 수확하여 가장 신선한 것에서 더 풍부하게 느낄 수 있다.

껍질이 빨간 감자 품종으로, 속은 노란색이며 중간 크기다. 삶았을 때 잘 으깨지지 않아 사용하기 쉽다. 크기가 제각각인 것이 집에서 재배한 채소답다.

감자 _가지과

튼튼하고 키우기 쉽다.　🌱🌱🌱

수확량이 만족스럽다.　🌱🌱

보는 즐거움이 있다.　🌱

베란다 채소 정원의 봄은 감자를 이식하는 작업에서부터 시작된다. 감자는 손이 많이 가지 않고 실패할 확률도 적으므로 꼭 한번 해 보기 바란다. 사각 플랜터나 포대에서 재배한 감자라도 캐낼 때는 가슴이 두근거려 가족 모두가 들뜬 분위기가 된다. 씨감자는 판매 단위가 커서 버리는 것이 많다는 것이 문제다. 그러므로 여러 집이 공동 구매하여 나누어 이용하는 것이 좋다.

월	1	2	3	4	5	6	7	8	9	10	11	12
이식·수확		이식				수확						
그 밖의 작업		싹 고르기, 흙 보충, 흙 보충										
덧거름			1회, 1회									

덧거름　흙을 보충할 때 고형 비료를 넣어 준다.

물 주기　크게 신경 쓸 필요는 없고 적당히 관리해 주면 된다. 너무 습해지지 않도록 주의한다.

병충해　큰이십팔점박이무당벌레가 잎을 갉아먹었지만 수확에는 큰 영향을 주지 않는다.

1. 씨감자 준비

반드시 식용이 아닌 씨감자를 준비한다. 재배 목적으로 만들어진 씨감자는 내병성이 강해 안전하고 많은 수확량을 기대할 수 있기 때문이다. 싹이 골고루 퍼지도록 감자를 세로로 2등분한다. 자른 단면을 잘 말려 둔다.

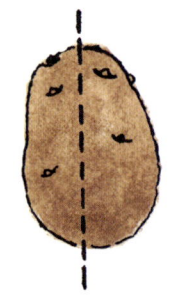

감자 전체에 골고루 싹이 나도록 잘라 놓는다.

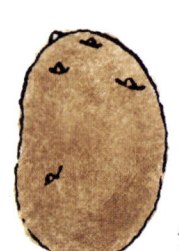

이것으로 아시!

씨감자를 늘릴 필요가 없다면 통째로 심어도 된다.

감자는 큰 화분이나 양동이 등에 1포기씩 재배한다. 흙 포대나 비닐 주머니도 괜찮다.

2. 심기

흙 포대나 배양토가 들어 있는 비닐 주머니(밑에 구멍을 뚫는다)에 심는다. 물론 큰 화분(직경 30cm 이상)도 좋다. 자루나 화분의 절반 정도까지 밑거름이 든 배양토를 넣고 6~7cm 정도의 깊이에 자른 단면을 밑으로 가게 하여 씨감자를 심는다.

자루의 입구를 말아 접어서 높이 조절을 할 수 있어 편리하다.

3. 싹 고르기

싹이 나서 15cm 정도로 자라면 싹을 두 개 정도 남겨 놓고 나머지는 뿌리 밑동 쪽에서 가위로 자른다. 감자는 흙속 줄기의 끝에서 나기 때문에(오른쪽 위 그림 참조) 싹의 수를 제한하면 큰 감자로 키울 수 있다. 싹 고르기를 하지 않고 작은 감자를 다량으로 키워도 상관없다.

보기에도 즐거운 다양한 색깔의 품종. 감자는 이처럼 색과 형태에 개성이 있다. 일반 감자와 껍질이 붉은 '자주 감자' 품종

4. 흙 보충

감자는 씨감자 위쪽에 생기기 때문에 흙을 보충해 주어야 한다. 흙이 모자라면 감자에 햇빛이 닿아 녹색으로 변하고 그 부분에 유독 물질인 솔라닌이 생긴다. 싹 고르기를 했을 때와 싹이 20cm 정도 자랐을 때쯤 적당히 흙을 보충해 준다.

여기는 확실히!

두 번에 나누어서 흙을 보충한다.

5. 수확

흙 윗부분이 노란색을 띠며 마르기 시작하면 수확할 때가 되었다는 신호다. 감자에 상처가 나지 않도록 조심스럽게 찾아서 캔다.

식용 감자는 씨감자가 될 수 없나?

씨감자는 '식물 방역 검사'에 합격한 것이다. 엄격한 검사를 통과한 씨감자를 사용하여 재배한 것이 식용 감자가 된다. 일반적으로 감자는 내병성이 약하기 때문에 식용 감자를 씨감자로 하면 수확량도 떨어지고 열매도 좋지 않다.

토마토 _가지과

튼튼하고 키우기 쉽다. 🌱🌱

수확량이 만족스럽다. 🌱🌱🌱

보는 즐거움이 있다. 🌱🌱🌱

토마토의 원산지는 태양이 쨍쨍 내리쬐고 다소 건조한 남미의 안데스 고원이다. 따라서 그곳과 비슷한 환경을 만들어 주면 건강하게 잘 자란다. 루비처럼 붉은 열매는 여름 베란다 채소 정원을 화려하게 만들어 준다. 완전히 익은 토마토는 껍질이 약간 질겼지만 맛은 진했다. 사서 먹는 토마토와는 확실히 맛이 달랐다.

미니 토마토를 수확한 날은 자꾸만 집어먹게 된다.

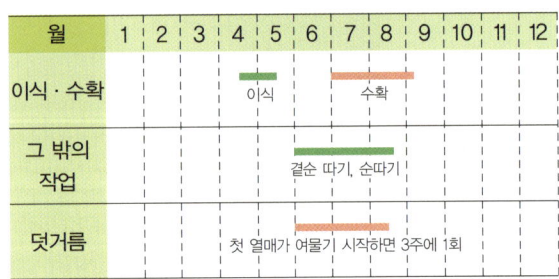

월	1	2	3	4	5	6	7	8	9	10	11	12
이식 · 수확				이식			수확					
그 밖의 작업					곁순 따기, 순따기							
덧거름					첫 열매가 여물기 시작하면 3주에 1회							

덧거름 첫 열매가 여물기 시작하면 덧거름을 준다. 토마토는 수확 기간이 길기 때문에 3주에 1회 정도 고형 비료를 준다. 단, 잎이 너무 무성해지면 덧거름을 주지 않는다.

물 주기 물을 많이 주는 것은 금물. 흙 표면이 말랐을 때 준다. 대낮에는 잎이 시들어 있다가도 아침저녁으로 잎이 생생하다면 물의 양은 충분하다.

병충해 잎이 좁아지면서 기형이 되는 것은 바이러스에 의한 병이다. 이때는 눈 딱 감고 그루째 뽑아 버릴 것을 권한다. 진딧물은 각종 병을 옮기기 때문에 발견하는 즉시 잡아 없애야 한다.

/. 모종 이식

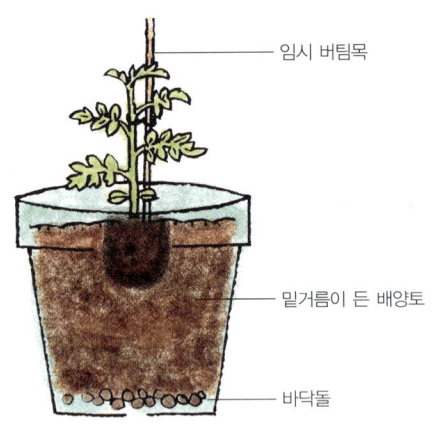

임시 버팀목

밑거름이 든 배양토

바닥돌

구입한 모종은 바로 이식해서 심는다. 큰 화분(직경 30~40cm)에 1포기 정도가 가장 적당하다. 이때 임시 버팀목을 세워도 좋다. 5월 초까지는 늦서리가 내릴 걱정이 있으므로 공기가 차가워지는 밤에는 실내에 들여놓거나 부직포를 덮어서 보호한다.

2. 버팀목 세우기와 유인

이식한 모종이 단단히 자리를 잡으면 버팀목을 세우자. 여러 개의 버팀목을 이용하여 쓰러지지 않게 한다. 원형 화분인 경우는 모종을 세우기 위한 중심 버팀목 외에 세 개의 버팀목을 더 세워서 끝을 하나로 묶어 주면 좋다. 줄기가 자라면 가까운 곳의 버팀목으로 유인한다. 원예용 비닐 끈을 사용할 때는 꼬아서 묶지 않는 것이 요령. 긴 끈을 준비하여 버팀목과 줄기를 함께 느슨하게 친친 감는다. 이렇게 하면 줄기가 점점 두꺼워져도 줄기가 상하지 않고, 떼어 낼 때도 편리하다.

원예용 비닐 끈

반드시 줄기를 곧게 세워서 키우지 않아도 된다. 본가지를 램프형 버팀목에 나사 형태로 빙 돌려서 키우면 간단하다. 모종을 약간 비스듬하게 심으면 본가지를 버팀목에 감기 쉽다.

비 온 뒤에 열매가 갈라지는 이유

비 온 뒤에 열매가 터져서 갈라지는 경우가 있다. 베란다 채소 정원에서는 특히 미니 토마토에서 이런 현상을 자주 볼 수 있는데, 이는 열매 속의 수분이 증가하면서 열매가 팽창하여 껍질이 지탱하지 못해 일어나는 현상이다. 게다가 갈라진 토마토를 그대로 방치해 두면 그 달콤한 냄새에 개미와 풍이 등의 벌레가 모여들므로 주의해야 한다. 비가 내릴 것 같으면 익은 열매는 재빨리 수확할 것.

씨앗으로 키울 때는?

모종이 아닌 씨앗으로 재배하는 방법도 있다. 2월 중에 직경 9cm 포트에 3~5알의 씨앗을 뿌려 간이 온실(p.57 참조) 등에 넣어서 볕이 잘 드는 곳에서 관리한다. 두 번의 솎아 내기를 하고 본잎이 4~5장 정도 되었을 때쯤에는 한 포기만 남겨 둔다. 발아할 때까지 절대 흙이 말라서는 안 되고, 신문지를 덮어서 햇빛을 가려 주어야 한다. 품종에 따라 절차가 조금씩 다르므로 자세한 것은 씨앗 봉투에 게재된 사항을 참고할 것.

단계적으로 솎아 내서 마지막에는 한 포기만 남게 한다.

3. 곁순 따기

토마토는 본가지 한 개만 자라게 하는 것이 기본이다. 이를 위해 잎겨드랑이에서 나오는 싹은 모두 떼어 낸다. 가능하면 작을 때 손으로 꺾어서 따고, 가위를 사용할 경우에는 깨끗하게 닦아서 사용한다. 크게 자라 버린 곁순은 흙에 심으면 바로 뿌리가 생기므로 모종으로 이용할 수도 있다.

여기는 확실히!

곁순(화살 표시)을 모두 떼어 낸다.

4. 순 따기

맛있는 토마토를 수확하려면 열매 수를 제한해야 한다. 버팀목보다 높게 자라면 본가지의 끝을 잘라 더 이상 자라지 않게 한다. 토마토의 꽃송이가 5~6단(열매가 아래쪽에 맺혀 있어도 된다)이 되었을 때가 좋다.

5. 수확

빨갛게 익은 것부터 차례차례 가위로 잘라 낸다. 새나 작은 동물이 열매를 쪼아 먹을 경우에는 그물망을 쳐서 보호한다.

떨어진 열매에서 싹이 나왔다

포기 밑에 떨어진 열매에서 싹이 나 있는 것을 보면 키우고 싶은 생각이 들 것이다. 하지만 그것은 좋지 않다. 시판되는 모종은 대부분 F1 품종(p.30 참조)이기 때문에 그 싹에서 동일한 토마토가 자란다고 단정할 수 없다. 하지만 곁순을 심어서 만든 모종은 동일한 품종이 된다. 즉 복제 토마토가 되는 것이다.

다양한 토마토 품종, 무엇을 고를까?

토마토는 대·중·소 크기에 따라 품종을 구분할 수 있다. 그중에서도 작은 것은 짧은 기간에 열매가 익기 때문에 수확도 빠르고 실패할 확률도 적다. 물론 수확량도 많다.

색다른 것을 키워 보고 싶어하는 사람에게는 과육이 알찬 조리용 토마토를 권한다. 날것으로 먹을 수도 있지만 토마토 소스로 만들면 그 진한 맛에 깜짝 놀랄 것이다. 소스로 만들면 오래 저장할 수 있으므로 집에서 수확한 토마토의 맛을 더 오랫동안 즐길 수 있다. 원예적인 면을 즐기고 싶다면 공간을 이용할 수 있는 걸이용 화분에 키워 보는 것은 어떨까? 이 품종은 버팀목이나 순 따기, 곁순 따기 등의 작업을 하지 않고 그대로 방임 재배할 수 있는 것이 특징이다. 그러나 걸이용 화분은 쉽게 건조해지므로 물을 자주자주 주어야 한다.

또 한 가지, 정말 신경 써야 하는 것은 내병성이다. 토마토의 큰 적이라 할 수 있는 모자이크병과 위조병(萎凋病)에 대한 저항력을 키우기 위해 백신을 접종한 모종이 있다. 가격은 약간 비싸지만 안심하고 재배할 수 있어 우리 집에서는 망설이지 않고 이것을 선택한다.

라벨에는 여러 가지 정보가 기록되어 있으므로 잘 보고 고르자.

간편하게 재배하려면 미니 토마토를 고른다. 이것은 일반 미니 토마토보다 약간 작은 버찌 크기의 토마토.

직경이 10cm나 되는 큰 토마토. 이 정도로 큰 토마토를 수확했을 때의 감동은 더욱 크다.

조리용 토마토인 '이탈리안 레드.' 가늘고 긴 모양이 특징이다.

걸이용 화분 토마토

영국식 토마토 구이

영국의 전통 아침 식사처럼 토마토를 따뜻하게 먹어 보자. 별로 맛이 없는 토마토도 구우면 맛있어진다는 것은 정말 신기한 일이다.

● 만드는 법
둥글게 썬 토마토를 올리브유에 굽는다. 양면이 살짝 노릇노릇해지면 소금과 후추로 맛을 낸다. 토스트나 계란 프라이와 함께 큰 접시에 담으면 완성. 버터로 구우면 한층 더 좋은 향기가 난다.

● 그 밖의 요리법
토마토를 끓는 물에 담갔다 꺼내면 껍질이 잘 벗겨진다. 이것을 적당한 크기로 잘라 소금과 후추를 뿌리고 엑스트라 버진 올리브유와 화이트 와인 비니거(vinegar, 와인 식초)를 묻히면 간단한 마리네(mariné) 샐러드가 완성된다. 기후에 따라 허브를 곁들여도 좋다.

가지 _가지과

튼튼하고 키우기 쉽다.　🌱🌱

수확량이 만족스럽다.　🌱🌱🌱

보는 즐거움이 있다.　🌱🌱🌱

'가지 꽃은 버려지는 것이 하나도 없다'고 할 정도로 가지는 착과율(열매가 열리는 비율)이 높다. 하지만 일조량이나 비료가 부족하면 꽃이 떨어져 버린다. 따라서 물과 비료가 끊이지 않게 신경 쓰고, 햇볕이 잘 드는 장소에 놓아 수확량을 늘리는 데 힘써야 한다. 초기에 가지 다듬기만 잘해 주면 그 다음부터는 크게 신경 쓰지 않아도 잘 자란다.

가장 흔한, 긴 모양의 중장(中長)가지 품종. 얼굴이 비칠 정도로 윤이 나는 예쁜 가지다.

월	1	2	3	4	5	6	7	8	9	10	11	12
이식·수확				■이식			■■■수확					
그 밖의 작업				가지 다듬기, 순 따기, 재순 따기								
덧거름					첫 열매가 열리면 3주에 1회							

덧거름　첫 열매가 열리면 3주에 1회 간격으로 고형 비료를 준다.

물 주기　물이 마르면 열매가 단단해지거나 구부러지므로 건조해지지 않도록 주의할 것.

병충해　열매가 갈색이 되거나 새순이 딱딱해져 싹이 자라지 않는 것은 차먼지응애 때문이다. 큰이십팔점박이무당벌레는 잎을 갉아먹으므로 특히 모종이 어릴 때는 주의해야 한다.

1. 모종 이식

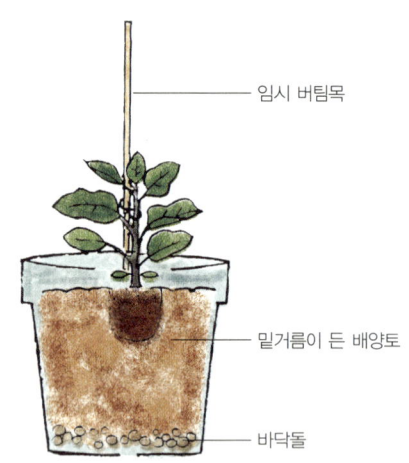

- 임시 버팀목
- 밑거름이 든 배양토
- 바닥돌

모종은 접붙이기한 것을 권한다. 가격은 조금 비싸지만 생육 상태가 일반 모종과는 다르기 때문이다. 직경 30cm 이상의 큰 화분에 한 그루를 기준으로 심고 임시 버팀목을 세워 둔다. 5월 초까지는 방한을 해 주어야 한다.

2. 가지 다듬기

첫 번째 꽃이 피면 꽃 아래에 있는 곁순 두 개만 남겨 두고 모두 딴다. 이렇게 본가지와 곁가지 두 개만 남 겨서 총 세 개의 가지만 자라게 하는 것이 기본이다.

3. 버팀목 세우기와 유인

세 개의 가지가 지탱할 수 있게 버팀목을 세워 가지 를 끈으로 고정한다. 가지 열매는 크게 자라므로 굵 고 튼튼한 버팀목을 세워야 한다.

첫 번째 꽃

이 곁순은 기른다.

여기는 확실히!

✕는 모두 떼어 낸다.

모종을 기를 때는 간이 온실을 이용

희귀 품종을 재배하고 싶다면 모종을 기르는 일부터 시작해야 한다. 토마토와 마찬가지로 2월 중에 포트 에 씨앗을 뿌려 싹을 솎아 내면서 기른다(p.53 참조). 포트는 스티로폼 상자와 비닐 시트로 만든 간이 온 실에 넣어 햇볕이 잘 드는 실내에 놓아두면 된다. 가 지가 발아하기 위해서는 온도가 중요하므로 한낮에 는 30℃, 야간에도 20℃ 정도의 환경을 만들어 주어 야 한다.

손으로 만든 간이 온실. 비닐은 통기가 잘되게 구멍을 뚫어 준다.

4. 첫 열매 수확

첫 열매는 본 열매 크기의 절반 정도 되었을 때 수확한다. 이렇게 하면 포기가 확실하게 잘 자란다.

미(米)가지 품종의 첫 열매.
열매가 작을 때 수확한다.

5. 순 따기, 수확과 재순 따기

두 번째 열매부터는 열매가 열리면 끝에 있는 잎 한 장만 남겨 두고 가지 끝을 순 따기 한다(❶). 또 그 열매를 수확할 때는 위쪽에 남긴 잎 한 장과 함께 따서 또 다시 순 따기를 한다(❷). 그러면 그 밑에서 곁순이 나와 오랫동안 수확할 수 있다. 재배 조건과 품종에 따라 차이는 있겠지만 10~15개 정도 딸 수 있다. 가지가 무성해지지 않으므로 비좁은 베란다 재배에 알맞다.

보통 7월 하순~8월에 거쳐 쓸모없는 가지를 모두 잘라 내(갱신 가지치기) 가을에 다시 열매를 수확하는 것이 일반적이다. 하지만 베란다 채소 정원에서는 여름 수확으로 끝내고, 다음 채소를 옮겨 심는 것이 좋다. 좁은 공간을 효과적으로 이용하기 위해서는 단념할 줄 아는 과감함도 필요하다.

❶ 열매가 열리면 그 위에 있는 잎을 한 장만 남겨 두고 순 따기를 한다.

❷ 수확할 때는 위에 있는 잎 한 장과 함께 따서 재순 따기를 한다.

용도에 맞게 품종 고르기

가지에는 여러 가지 품종이 있다. 색과 모양이 모두 다양하게 변화된 특이한 품종의 모종과 씨앗도 최근에는 많이 유통되고 있는 듯하다. 그중에서도 추천하고 싶은 것은 미가지 종류다. 미국 품종을 개량한 큰 가지로, 과육이 매끄럽고 씨앗이 적어 서양식 조림이나 볶음 요리에 적합하다. 한 개만 수확해도 충분한 맛을 느낄 수 있다. 색다른 종류의 가지를 키워 보고 싶다면 '소(小)가지', '물(水)가지' 같은 것을 골라 보자. 이런 가지는 구웠을 때의 맛이 정말 일품이다. '소가지'로 만든 절임은 얼마든지 먹을 수 있을 만

큼 맛이 좋다. 가지는 인도가 원산지인 만큼 카레에 어울리는 특이한 품종을 찾아보는 것도 재미있을 듯하다. 어쩌면 바나나처럼 송이송이 열리거나 탁구공만 한 재미있는 품종들이 있을지도 모른다.

평소에 우리가 먹는 긴 모양의 가지는 삶아도 되고, 구워도 되고, 볶음이나 절임 등 어떻게 요리해 먹어도 맛있다. 비뚤어지고 못생겨도 맛과 개성이 있는 가지를 키우는 것도 즐거울 것이다.

백색 품종의 '백(白)가지' 과육과 껍질이 모두 단단해서 조림 요리에 적합하다.

미가지는 꼭지가 녹색인 것이 특징. 과육이 풍부하고 씨앗이 적다.

보라색과 흰색 줄무늬가 예쁜 '제브라'라는 F1 품종. 수확기가 되면 좀 더 자란다.

재료가 살아 있는 간단 요리

말린 가지와 돼지고기 조림

가지는 살짝 말려서 조리하면 맛이 훨씬 좋아지고 조리 시간도 단축할 수 있다. 꼭 한번 말려서 요리해 이용해 보기 바란다.

● 만드는 법
① 가지는 둥글게 썰어서 반나절 정도 말려 진한 육수(가다랭이를 우려낸 국물에 간장을 넣은 것)에 넣어 익힌다.
② 얇게 썬 돼지고기에 소금과 후추를 뿌리고 밀가루를 묻혀서 굽는다. 이것을 ①에 넣으면 감칠맛이 돌면서 맛있는 요리가 완성.

● 그 밖의 요리법
가지구이를 할 때는 가지를 구워서 과육을 발라내어 믹서에 가는 것이 요령이다. 여기에 소금과 후추, 다진 마늘, 엑스트라 버진 올리브유를 첨가하면 가지 소스가 완성된다. 이것을 토스트 빵에 발라 먹으면 이탈리안풍 애피타이저가 된다.

피망 _가지과

튼튼하고 키우기 쉽다.   🌱🌱🌱

수확량이 만족스럽다.   🌱🌱🌱

보는 즐거움이 있다.   🌱🌱🌱

피망은 토마토·가지·오이와 함께 대표적인 여름 채소로, 손쉽게 재배할 수 있는 것이 특징이다. 물과 비료를 많이 먹는 '대식가'지만 그만큼 수확량이 많으므로 키우는 보람이 있다. 피망의 독특한 향기를 별로 좋아하지 않는 사람이라도 과육이 두꺼운 것은 단맛이 있어서 먹기 쉽다. 다양한 색깔의 품종도 꼭 한 번 재배해 보기 바란다.

과육이 두꺼운 종류의 피망으로 약간 통통하다. 끊임없이 수확이 가능한 피망은 베란다 채소 정원에서 빠질 수 없다.

월	1	2	3	4	5	6	7	8	9	10	11	12
이식·수확				이식		수확						
그 밖의 작업				곁순 따기, 버팀목 세우기								
덧거름					곁순 따기 후 3주에 1회							

덧거름   피망은 수확량이 많은 만큼 비료도 많이 먹는 품종이다. 곁순 따기를 하고 난 뒤에 덧거름을 주기 시작하여, 이후부터는 3주에 1회 고형 비료를 준다.

물 주기   피망의 가장 큰 적은 건조함이므로 부지런히 물을 주어야 한다. 뿌리 밑동을 볏짚이나 야자 섬유 등으로 덮어 주는 것도 좋다.

병충해   건조하면 발생하는 밑동썩음병에 주의한다. 큰 이십팔점박이무당벌레가 잎을 갉아먹기도 하지만 수확에는 큰 지장이 없다.

/. 모종 준비

잎 색깔이 진하고 줄기가 굵은 튼튼한 모종을 고른다. 내병성이 강한 항바이러스 모종도 시판되고 있다. 가격은 조금 비싸지만 그만큼 가치가 있다.

2. 이식

큰 화분이나 사각 플랜터를 준비하여 밑거름이 든 배양토를 사용해 심는다. 직경 30cm 정도의 화분에는 한 그루를 심고, 넓이가 65cm인 사각 플랜터라면 두 그루를 심으면 된다. 이식할 때 임시 버팀목을 세워 두면 좋다.

임시 버팀목

여기는 확실히!

이식 직후에 시기적으로 갑자기 기온이 내려갈 때가 있다. 피망은 낮은 온도에 약하기 때문에 기온이 낮은 날에는 실내에 들여놓거나 부직포를 덮어 주는 등 추위 대책을 세워야 한다.

3. 곁순 따기와 버팀목 세우기

키가 20cm 정도 되면 첫 번째 꽃이 핀 가지가 많아진다. 본가지와 튼튼해 보이는 곁순 두 개를 남겨 가지를 세 개만 두고 나머지 곁순은 모두 따 버린다. 이것은 균형 있게 열매를 맺게 하는 동시에 통풍도 잘되게 한다. 가지가 자라면 버팀목을 세워 끈으로 가지를 고정한다.

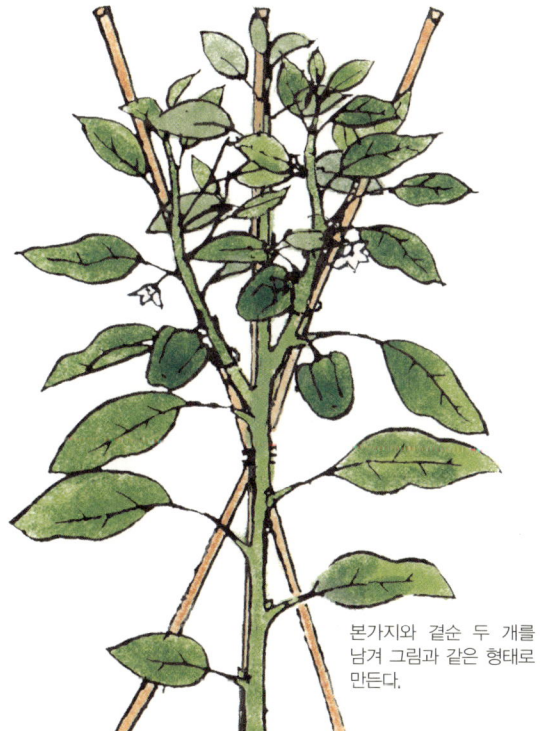

본가지와 곁순 두 개를 남겨 그림과 같은 형태로 만든다.

튼튼한 것 두 개만 남기고 다른 곁순을 따 낸다.

무성한 가지는 수확하면서 정리한다.

이것은 꼭 이시!

피망은 곁순 따기 이외의 가지다듬기 등의 작업은 하지 않아도 된다. 무성한 부분은 수확하면서 가지 끝을 잘라 주면 된다.

4. 수확

피망을 오랫동안 맛보기 위해서는 조기 수확해야 한다. 이는 단지 부드러운 맛과 짙은 향 때문만은 아니다. 크기가 작을 때 수확하면 포기가 쉽게 약해지지 않고 수확량도 많아지기 때문이다.

꽈리고추도 피망?

피망이나 꽈리고추도 모두 고추와 같은 종류지만 꽈리고추는 매운맛이 없어서 피망과 비슷하게 취급된다. 가끔 매운 꽈리고추를 먹을 때도 있는데, 그 원인을 스트레스 때문이라고 하는 사람도 있고, 격세 유전(생물의 성질이나 체질 따위의 열성 형질이 일 대나 여러 대를 걸러서 나타나는 현상)이라고 하는 사람도 있지만 아마 꽈리고추도 고추이기 때문은 아닐까?

🥄 피망에서 벌레가 나왔어요!

도마에서 피망 꼭지를 떼어 내다가 속에서 애벌레가 나타나 깜짝 놀란 적이 있다. 왕담배나방의 유충이었다. 이 벌레는 꼭지 부분을 통해 열매 속으로 들어가 씨앗 부분을 갉아먹는다고 한다. 겉으로 봤을 때는 이상한 점이 없어서 전혀 몰랐다. 지금까지 이런 일은 한 번밖에 없었지만 생각하면 지금도 가슴이 떨린다. 벌레를 자르지 않은 것이 천만다행이었다.

재료가 살아 있는 간단 요리

화려한 피망 마리네*

어떤 채소라도 마리네로 만들면 맛있어진다. 가지와 쥬키니 호박으로도 만들어 보자.

● 만드는 법
① 피망은 일정한 크기로 자른다. 프라이팬에 엑스트라 버진 올리브 오일과 다진 마늘을 넣고 불에 달구어 오일 향기가 나기 시작하면 피망을 넣고 볶는다.
② 소금과 후추로 맛을 내고 화이트 와인 비니거를 넣어 골고루 맛이 배게 한다.

● 그 밖의 요리법
피망을 먹기 좋은 크기로 잘라 살짝 데쳐서 피클 시럽(p.121 참조)에 담근다. 과육이 두꺼운 것을 사용하는 것이 좋다. 한 달 정도 지나면 딱 먹기 좋은 상태가 된다.

* 양념을 하거나 허브 등의 향신료에 재워 놓은 요리

컬러풀한 피망, 독특한 피망

피망의 풋내를 싫어하는 사람이 의외로 많다. 그렇다고 해도 컬러 피망이라면 얼마든지 과일처럼 먹을 수 있다. 컬러 피망은 '파프리카'라는 별칭이 있으며, 우리 식생활에서도 익숙하다. 완숙한 열매만이 갖고 있는 단맛과 통통한 과육 그리고 유난히 산뜻한 색이 정말 매력적이다. 컬러 피망은 크기가 크기 때문에 꽃이 피어 수확하기까지 약 2개월이나 걸린다. 게다가 열매가 많이 열리면 포기 나무에 부담이 커져 성장이 나빠지기도 한다. 하지만 최근에는 단기간에 수확할 수 있는 크기가 작은 품종들이 등장했다. 이런 품종들을 익어서 색이 들기도 전에 열매가 상할 위험이 낮으므로 꼭 도전해 보자.

'바나나 피망'도 한번 재배해 보고 싶은 종류다. 크기가 작기 때문에 일반 피망보다 빨리 수확할 수 있고, 열매도 많이 딸 수 있다. 초록색에서 노란색 그리고 빨간색으로 바뀌어 가는 모습도 재미있다.

'비바 파프리코트'는 내병성이 높은 백신을 접종한 모종이다. 크기가 약간 작기 때문에 수확이 비교적 빠르다.

오렌지색의 컬러 피망

세뇨리타레드. 모양이 납작하고 단맛이 강하다.

가늘고 긴 바나나 피망. 처음에는 녹색을 띤다.

점점 노랗게 변해 간다.

'하늘초'라는 이름의 고추. 원래는 품종 이름이었지만 이제는 일본 고추의 총칭으로 사용될 때가 많다. 매운맛이 상당히 강한 것이 특징이다.

고추 _가지과

튼튼하고 키우기 쉽다.	🌱🌱🌱
수확량이 만족스럽다.	🌱🌱🌱
보는 즐거움이 있다.	🌱🌱🌱

가장 많이 이용되고 있는 향신료로, 세계 각지에 다양한 품종이 있고, 그 토지의 풍토에 맞게 사용되고 있다. 장소를 가리지 않고 잘 자라며, 열매도 잘 열리고 저장성도 높기 때문이다. 매운맛의 강도가 다양하다는 것도 큰 특징이다. 화제가 되고 있는 아주 매운 고추를 키워 보는 것도 재미있고, 간편하게 '하늘초' 품종을 키워 보는 것도 좋을 듯하다.

월	1	2	3	4	5	6	7	8	9	10	11	12
이식·수확				이식				수확				
그 밖의 작업				버팀목 세우기								
덧거름					3주에 1회							

덧거름 이식한 지 2주 정도 지나면 3주에 1회씩 고형 비료를 준다. 수확 기간이 길기 때문에 비료가 떨어지지 않게 주의해야 한다.

물 주기 건조한 환경에 약하므로 부지런히 물을 준다. 단, 물을 너무 많이 주어서 흙이 단단해지지 않도록 주의할 것.

병충해 모종이 어릴 때는 진딧물에 주의하고, 그 이후에는 걱정할 필요가 없다.

1. 이식

튼튼하고 좋은 모종을 고른다. 화분에 밑거름이 든 배양토를 넣고 이식하여 심는다. 직경이 30cm인 화분에 한 그루를 심는 것이 기본이다. 임시 버팀목을 세워 두면 좋다.

임시 버팀목

비닐 봉투를 사용해도 좋지만 반드시 통기 구멍을 뚫어 준다.

여기는 확실히!

바닥돌

피망과 마찬가지로 고추도 낮은 기온에 약하므로 기온이 낮은 날에는 실내에 들여놓거나 비닐을 덮어 주는 등 추위 대책을 세워야 한다.

2. 버팀목 세우기

이식한 뒤 2주 정도 지나 포기가 뿌리를 내릴 즈음에 버팀목을 세워 줄기를 끈으로 고정한다. 기온이 높아지면 생육이 활발해져 가지 수가 늘어난다.

이것으로 OK!

고추는 완전히 방임 재배를 해도 상관없다. 하지만 가지가 너무 무성해지면 통풍이 잘 안 되므로 전체적인 균형을 보면서 가지를 조금씩 쳐내도 좋다.

3. 수확

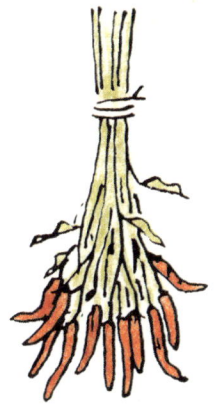

홍고추는 색이 붉어지면 수확하는 것이 기본이다. 하지만 덜 익은 녹색 고추를 따서 먹는 품종도 많다. 조기 수확한 것을 그냥 생으로 먹어도 좋고, 덜 익은 것을 잎과 함께 조려서 먹어도 되기 때문에 수확 시기는 마음대로 정한다. 말릴 경우에는 가지채 꺾어서 바람이 잘 통하는 그늘에 매달아 완전히 말려 저장한다.

여러 가지 고추

가장 일반적인 것은 꽃송이로 열매를 맺는 '하늘초' 품종이지만 최근 인기를 끌고 있는 것은 서양종이다. 매운맛이 강한 '하바네로'와 '타바스코'의 모종과 씨앗도 구할 수 있다. 한번에 많이 먹는 것이 아니기 때문에 색다른 품종에 도전하는 것도 즐거울 것이다. 강한 매운맛을 좋아하지 않는다면 맵지 않은 감미종 품종을 고를 것을 권한다.

그런데 매운맛에도 단위가 있다는 것을 알고 있는가? 미국의 약리학자 스코빌 박사가 설정한 매운맛의 값에 따르면 전혀 매운 맛이 없는 피망은 0스코빌, 타바스코는 3만 스코빌, 산다카는 5만 스코빌, 그리고 하바네로는 무려 30만 스코빌에 달한다고 한다. 하바네로에 비하면 청양고추는 단맛이 느껴질 정도라고 하니 다룰 때 모쪼록 조심하기를!

하바네로

'수도사의 모자(Friar's Hat)'라고 하는 고추. 모양이 재미있어서 키워 봤는데 무척이나 매웠다.

만간지

오이 _박과

튼튼하고 키우기 쉽다. 🌱🌱

수확량이 만족스럽다. 🌱🌱

보는 즐거움이 있다. 🌱🌱

오이는 대부분 생으로 먹는다. 그래야 바로 수확한 신선한 맛을 느낄 수 있기 때문이다. 오이의 96%는 수분으로 되어 있으며, 재배할 때도 수분 관리가 중요하다. 흙의 표면이 마르지 않게 포기 밑동을 볏짚 등으로 덮어 주는 것이 좋다. 신선함을 듬뿍 맛보고 싶다면 조기 수확하여 오이 포기가 약해지지 않도록 한다. 한 포기에서 15~20개 정도를 수확했다면 오이 재배는 슬슬 끝나 간다고 보면 된다.

오이는 하루 만에도 놀랄 만큼 성장한다. 수확이 늦어지지 않도록 반드시 매일 지켜보자. 사진은 '여름 오이(백침계)' 품종이다.

월	1	2	3	4	5	6	7	8	9	10	11	12
이식·수확				이식		수확						
그 밖의 작업				버팀목 세우기								
덧거름					3주에 1회							

덧거름 이식하여 심은 지 2주 정도 지나면 3주에 1회씩 고형 비료를 준다. 오이는 뿌리를 얕게 내리기 때문에 비료가 뿌리에 직접 닿지 않도록 충분한 주의를 기울여야 한다.

물 주기 무엇보다 흙이 마르지 않게 하는 것이 중요. 하지만 지나치게 습한 것도 피해야 한다. 포기 밑동을 볏짚 등으로 덮어 주면 효과적이다.

병충해 흰가루병에 주의한다. 고온 건조하면 쉽게 발생하므로 여름이 오기 전에 수확을 끝낼 수 있도록 서둘러 재배한다. 흰가루병의 징후가 보이면 빨리 잎을 따서 없애야 한다.

1. 모종 준비

오이 모종은 시중에 많이 나와 있지만 반드시 접붙이기한 모종을 고른다. 내병성이 있는 품종을 찾는 것도 좋다. 마디와 마디 사이가 짧고 튼튼하며 아직 덩굴이 나 있지 않은 것을 고른다. 잎이 작은 것과 색이 옅은 것은 피한다.

2. 이식과 버팀목 세우기

구입한 모종은 바로 이식하여 심는다. 특히 오이는 뿌리를 빨리 내리기 때문에 작은 포트에 심은 채 그대로 두면 나중에 생육에 큰 피해를 준다. 원형 화분이나 사각 플랜터를 준비하여 뿌리가 상하지 않도록 얕게 심는다. 직경 30cm 이상의 큰 화분에 한 포기 정도가 적당하다. 동시에 버팀목도 세워 준다. 간결한 램프형이 베란다 채소 정원에 적합하다.

집에서 수확한 오이 중에는 구부러진 것이 매우 많다. 하지만 맛에는 전혀 이상이 없다.

오이는 뿌리가 넓고 얕게 내린다. 건조해지는 것을 방지하기 위해 뿌리 밑동을 볏짚이나 야자섬유 등으로 덮어 주면 좋다.

— 밑거름이 든 배양토

— 바닥돌

3. 관리

이것으로 이웃!

오이는 생육이 빠르기 때문에 원래의 덩굴(어미덩굴)에서 아들덩굴과 손자덩굴까지 뻗어 나온다. 아들덩굴과 손자덩굴은 그 끝을 따서 가지다듬기를 하는 것이 일반적이다. 하지만 베란다 채소 정원에서는 암꽃만 피면 크게 신경 쓰지 않고 그대로 내버려두어도 상관없다. 다만 전체적으로 덩굴이 너무 무성하다 싶으면 덩굴 끝을 조금씩 잘라 채광과 통풍을 도와준다. 버팀목보다 크게 자란 덩굴은 버팀목 옆으로 돌려 준다.

손자덩굴

아들덩굴

어미덩굴

왼쪽이 수꽃. 줄기에 붙어서 핀다. 중앙에서 아래쪽으로 뻗어 있는 것이 암꽃이다. 꽃이 피기 전부터 벌써 씨방이 볼록해져 있다.

수꽃과 암꽃

처음에는 수꽃만 피지만 덩굴이 자라면서 암꽃이 핀다. 이것은 포기로 성장하여 생식할 수 있는 상태가 되었다는 것을 나타낸다. 만일 꽃이 제대로 피지 않거나 수꽃만 핀다면 덩굴 끝을 조금 잘라서 성장 균형을 바꾸어 주면 암꽃이 늘어난다.

수꽃

암꽃

4. 수확과 열매 솎기

열매 길이가 15~20cm 정도 되었을 때 조기 수확한
다. 이렇게 하면 계속해서 열매를 맺기 때문에 결과
적으로 많은 양을 수확할 수 있다. 하루만 늦게 따도
너무 크게 자라서 맛이 떨어지므로 주의해야 한다.
또한 열매가 너무 많이 달리면 포기가 약해져 생육이
부진하거나 열매가 기형이 된다. 이 경우에는 빨리
열매를 따거나(열매 솎기) 암꽃을 따서 오이 포기에
다시 활기를 불어넣어야 한다.

조기 수확이 가장 좋은 방법

오른쪽은 화분 가장자리에 닿아서 구부러진 오이. 왼쪽은 장애물
이 없어서 쭉 뻗어 있다.

오이가 구부러지는 이유

시장에서 파는 오이는 모두 쭉쭉 뻗어 모양이 예쁜데 우리 집
에서 키운 오이는 왜 구부러질까? 수확 초기에는 싱싱하게
쭉 뻗어 있었지만 포기가 점점 약해지면서 구부러지는 것 같
았다. 건조하거나 비료가 부족해도 열매가 구부러진다. 그리
고 또 한 가지 큰 원인을 발견했다. 바로 '장애물' 때문이었
다. 열매가 성장하는 도중에 화분 가장자리 등에 오이가 닿아
구부러진 것이다. 오이에게 있어 비좁은 베란다는 장애물이
많다. 최소한 암꽃의 위치 정도는 오이가 커지기 전에 미리미
리 확인하여 필요하다면 덩굴을 들어올려 오이가 방해받지
않고 자랄 수 있게 해 주자.

베란다에서 재배한 미니 오이

수분이 풍부한 오이는 금방 딴 것이 가장 맛있다. 통째로 먹을 수 있는 크기의 오이가 있다면 마음껏 씹을 수 있을 텐데……. 그 바람은 실제로 이루어졌다. 채소 재배의 인기가 높아져 화분 재배를 위한 소형 채소가 잇달아 시중에 나오고 있기 때문이다.

'미니Q'는 병에 잘 걸리지 않는 매우 튼튼한 미니 오이다. 게다가 수확량도 많고 씹히는 맛도 좋아 더 이상 설명이 필요 없다. 이 오이를 알기 전에는 오로지 피클용 오이만 키웠다. 처음에는 모종을 찾을 수 없어서 씨앗을 구입하여 재배했다(적절한 파종 시기는 4월, 포트 파종으로 모종을 만든다). 약간 통통하고 럭비공처럼 생겼으며, 과육이 말랑말랑하다. 씨 주위는 약간 젤리 형태지만 생으로 먹어도 정말 맛있다. 피클 시럽을 만들어 병에 담아 놓고 수확한 오이를 그 병에 넣기도 한다. 그러면 한 달 뒤에 맛있는 피클이 완성된다.

물론 일반 오이를 작은 크기일 때 수확해도 상관없다. 즉 여린 오이를 먹으면 된다. 덜 익어서 단단하고 약간 풋내가 나는 것이 여름 맛이다. 조기 수확하면 오이 포기가 약해지지 않기 때문에 그 뒤에도 열매가 잘 열린다. 그리고 계속해서 또 여린 오이를 수확할 수 있어 즐겁다.

'미니Q'는 놀랄 정도로 잘 자란다.

외국에서 씨앗을 들여와 재배한 피클용 오이. 수확량은 그다지 많지 않았다.

이것 역시 외국의 피클용 오이 품종이다. 과육이 부드럽고 껍질 색깔이 연하다.

재료가 살아 있는 간단 요리

특제 향신료 오일을 곁들인 오이 요리

집에 남아 있는 향신료로 특제 오일을 만들어 보자. 보관해 두고 이용할 수 있기 때문에 여러 가지 요리에 향을 첨가할 때 편리하다.

● 만드는 법

① 먼저 특제 오일을 만든다. 샐러드 오일과 참기름을 1 : 1 비율로 냄비에 넣고 약한 불에 올린다. 마늘 · 생강 · 참깨 · 고추 · 커민 · 고수, 올스파이스(allspice) 등 주방에 있는 향신료를 듬뿍 넣고 30분 정도 가열하여 오일에 향이 배게 한다.

② 오일이 충분히 식으면 병에 옮겨 담는다. 안에 넣었던 향신료 재료는 조금만 담는다.

③ 오이를 손으로 뚝뚝 잘라서 소금에 주물러 참깨를 뿌리고 특제 향신료 오일을 뿌리면 완성.

여주는 볶아 먹는 것이 가장 맛있다. 수확량이 많아 한번에 다 먹을 수 없다면 절여 놓고 이용해도 좋다. 여주의 쓴맛이 자꾸 뒷맛을 당긴다.

여주_박과

튼튼하고 키우기 쉽다.   ❧❧❧

수확량이 만족스럽다.   ❧❧

보는 즐거움이 있다.   ❧❧❧

더위에 강한 채소로, 고야(苦瓜, 맛이 쓴 박이라는 뜻)라고도 불린다. 직사광선을 매우 좋아하므로 햇볕이 잘 드는 베란다나 옥상에서 재배하기에 좋다. 암꽃의 씨방에는 작을 때부터 돌기가 나 있다. 이것이 하루하루 지나면서 여주 모양이 되어 가는 모습은 정말 감동적이다. 철조망이나 그물망 등을 쳐 놓은 공간을 이용하여 재배하면 햇빛 가리개 역할도 한다.

월	1	2	3	4	5	6	7	8	9	10	11	12
이식 · 수확					이식		수확					
그 밖의 작업					유인							
덧거름					3주에 1회							

덧거름 수확 기간이 길므로 정기적으로 덧거름을 주어야 한다. 이식한 지 2주 정도 지나면 3주에 1회 정도 고형 비료를 준다. 뿌리가 얕게 내리므로 뿌리가 상하지 않게 비료를 주는 위치에 주의해야 한다.

물 주기 건조하면 열매가 일그러질 수도 있으므로 물이 마르지 않게 주의할 것. 지나치게 습한 환경에도 약하다.

병충해 무척이나 튼튼해서 거의 걱정이 없다.

1. 모종 준비

여주 모종은 오이나 토마토 등의 여름 채소 모종보다 시기적으로 조금 나중에 나온다. 줄기가 굵고 색이 짙은 튼튼한 모종을 고르는 것이 좋다. 덩굴이 나 있는 것은 피한다.

2. 이식

뿌리가 넓고 얕게 내리므로 큰 화분을 준비한다. 화분에서 재배해도 버팀목만으로는 감당할 수 없을 만큼 크게 자라기 때문에 그물망이나 철조망 등을 타고 자라게 하는 것이 좋다. 오이보다 잎이 무성하기 때문에 햇빛 가리개 역할도 한다. 넓이 65cm 정도의 대형 사각 플랜터에 두 포기 정도를 심으면 좋다. 밑거름이 든 배양토를 넣고 얕게 심은 뒤 포기 밑동을 볏짚 등으로 덮어 준다.

겉모양은 오이 꽃과 같지만 여주 꽃이 크기가 더 작다.

3. 관리

이것으로 이스!

여주는 기온이 높아지면서 생육이 왕성해진다. 꽃은 아들덩굴과 손자덩굴(p.67 참조)에 열린다. 덩굴이 위쪽으로 뻗으므로 수평으로도 자라게 유인하여 그물망 등에 끈으로 고정하면 된다. 그런 다음에는 그냥 내버려두어도 상관없다. 단, 잎이 너무 무성하여 서로 겹칠 것 같으면 덩굴을 조금씩 정리하여 채광과 통풍을 도와주어야 한다. 시들어 버린 밑잎은 따서 없앤다.

유인 그물망을 약간 기울여서 치면 잎 뒤에 숨어 있는 열매를 찾기 쉽다.

4. 수확

꽃이 피고 난 뒤 10일에서 2주 정도 되었을 때가 수확하기에 가장 좋은 시기다. 조기 수확하는 데 신경 써서 장기 수확의 기쁨을 누리자. 늦게 따면 열매가 익어서 눈 깜짝할 사이에 터져 버리므로 주의해야 한다. 익은 여주 열매의 씨앗 주위는 과일처럼 달고 맛있지만 열매는 흐물흐물해서 먹을 수 없다.

제때에 따지 못한 여주. 조금 더 있으면 열매가 갈라진다.

수확은 빨리! 이것은 돌기가 없고 표면이 매끄러운 품종이다.

백색 품종도 있다. 보기에도 시원스럽다.

오크라 _아욱과

튼튼하고 키우기 쉽다. 🌱🌱

수확량이 만족스럽다. 🌱🌱

보는 즐거움이 있다. 🌱🌱🌱

아프리카가 원산지인 오크라는 높은 온도에서 잘 자란다. 이식하고 나서 잠깐 동안은 별 반응이 없다가 기온이 상승하면서 무럭무럭 자라는 것이 특징이다. 싹 고르기와 순 따기도 할 필요가 없고, 수확할 때가 된 열매를 밑에서부터 차례로 따기만 하면 되므로 다루기 쉽다. 한 포기에서 수확할 수 있는 양은 그다지 많지 않으므로 공간만 확보된다면 몇 개의 화분을 더 마련하여 많은 수확량을 기대해 보자.

시중에서 파는 것보다 약간 작은 크기일 때 수확할 것을 권한다. 부드럽고 단맛이 있어 생으로도 먹을 수 있다.

월	1	2	3	4	5	6	7	8	9	10	11	12
이식·수확					이식		수확					
그 밖의 작업						버팀목 세우기						
덧거름							3주에 1회					

덧거름	수확 기간이 약 3개월이나 되므로 덧거름 주는 것을 잊어서는 안 된다. 키가 30cm 정도 자라면 덧거름을 주기 시작하고, 그 후부터는 3주에 1회씩 고형 비료를 준다.
물 주기	건조한 환경에 강하지만 지나치게 건조한 것도 좋지 않으므로 뿌리 밑동을 볏짚 등으로 덮어 주자.
병충해	특별히 걱정할 것은 없다. 매우 튼튼해서 키우기 쉽다.

/. 모종 준비

오크라 모종은 토마토와 가지 모종보다 조금 늦게 나온다. 비닐 포트에 몇 개의 모종이 심어져 있는 경우가 많은데, 이때는 한 개만 남기지 말고 성장이 좋은 것 두 개를 남겨 둘 것. 오크라는 한 번에 많은 양을 수확할 수 있는 채소가 아니기 때문에 큰 화분에 두 개의 모종을 심는 것이 좋다.

이것으로 이식!

두 개의 모종으로 할 것

2. 이식

포기의 키가 자라면 깊이가 깊은 큰 화분 (직경 30cm)을 골라서 밑거름이 든 배양토를 넣고 이식하여 심는다. 높은 온도를 좋아하기 때문에 초기에는 성장이 느리다.

바닥돌

오크라 꽃. 아욱과라서 부용화나 하이비스커스랑 많이 비슷하다.

3. 버팀목 세우기

키가 30cm 정도 자라면 튼튼한 버팀목을 세워 끈으로 살짝 묶어 준다. 키가 더 자라서 포기가 흔들릴 것 같으면 포기 밑동 부분에 흙을 보충해 줘도 좋다.

4. 수확

꽃이 핀 지 4~5일쯤 지나면 꼬투리의 길이가 5~6cm 정도 된다. 약간 크기가 작을 때 부드럽고 맛있으므로 이때 따는 것이 좋다. 늦게 따면 속 줄기가 딱딱해져서 먹을 수 없다. 포기는 1m 정도까지 자란다.

제때에 따지 못한 오크라 열매. 열매의 크기가 상당히 커진 뒤에는 사진에서처럼 색이 변한다. 속줄기나 껍질, 씨앗 모두 아주 딱딱하다.

한가득 수확한 강낭콩은 유부와 함께 살짝 익히면 맛있다. 조기 수확하여
크기가 작은 강낭콩은 참깨 소스에 무쳐 먹으면 맛있다.

강낭콩 _콩과

튼튼하고 키우기 쉽다.　🌱🌱🌱

수확량이 만족스럽다.　🌱🌱🌱

보는 즐거움이 있다.　🌱🌱🌱

강낭콩은 단기간에 수확할 수 있으므로 콩류 가운데서 가
장 키우기 쉽다. 도시락을 싸거나 조림 요리를 할 때 장식
용으로 유용한 녹색 채소다. 덩굴이 있는 것과 없는 것이
있는데, 덩굴이 있는 것이 수확량이 많다. 강낭콩은 두 번
파종할 수 있기 때문에 장기간 수확이 가능하다. 만기 파종
의 경우에는 건조해지지 않도록 주의해야 한다.

월	1	2	3	4	5	6	7	8	9	10	11	12
이식 · 수확				파종			수확					
							파종		수확			
그 밖의 작업				솎아 내기, 버팀목 세우기								
							솎아 내기, 버팀목 세우기					
덧거름					꽃이 피면 1회							
							꽃이 피면 1회					

※ 상단은 조기 파종, 하단은 만기 파종

덧거름　꽃이 필 때까지는 비료를 주지 말고 꽃이 피면
고형 비료를 1회 준다. 고형 비료 대신 꽃이 피
었을 때부터 수확할 때까지 10일에 1회 정도
농도가 옅은 액체 비료를 주어도 된다.

물 주기　건조한 환경에 약하므로 적절하게 물을 주어야
한다. 꽃이 피거나 열매가 맺히기 시작할 때는
특히 물이 마르지 않게 주의해야 한다. 다습한
환경에도 약하므로 장마철에 주의해야 한다.

병충해　잎을 갉아먹는 섬서구메뚜기, 잎굴파리의 유충,
진드기 등의 피해를 받기는 하지만 치명적이지
는 않다. 잎굴파리를 발견하면 바로 잡는다.

1. 파종

큰 화분이나 깊이가 깊은 사각 플랜터에 밑거름이 든
배양토를 넣고 한 군데에 3~4알씩 깊게 점파(p.31 참
조)하고 흙을 잘 덮는다. 흙을 얇게 덮으면 새가 씨앗
을 파먹거나 뿌리가 노출되어 잘 쓰러진다. 직경
30cm의 화분이라면 세 군데 정도 씨를 뿌려 재배해
도 괜찮다.

2. 숙아 내기

본잎이 나서 포기의 키가 7~8cm 정도 되면 숙아 내기 하여 한 군데에 두 개의 싹만 남긴다. 화분에서 재배하는 강낭콩은 포기 수량을 많게 하는 것이 요령.

조생 품종은 씨를 뿌린 뒤 2개월도 채 지나지 않아 수확할 수 있는 것도 있다. 이 씨앗은 약제 처리가 되어 있고 분홍색을 띤다.

점점 싹이 나오고 있다. 콩과의 식물은 떡잎이 두툼해서 상당히 무거워 보인다.

여기는 확실히!

한 군데에 두 개씩 남긴다.

3. 버팀목 세우기와 유인

덩굴이 있는 것은 버팀목을 세워 준다. 콩은 생육 속도가 매우 빨라서 원하는 형태로 키우기는 어렵지만 크게 신경 쓰지 않아도 된다. 버팀목보다 높게 자란 덩굴 끝은 가능하면 버팀목 옆이나 안쪽으로 돌린다. 덩굴이 없는 경우도 열매가 열리면 균형을 잃기 때문에 짧은 버팀목을 세워 주는 것이 좋다.

근류균

비료는 조심스럽게 적은 양을 줄 것

콩류는 뿌리에 기생하는 근류균(뿌리혹 박테리아)의 활동으로 공기 중의 질소를 흡수할 수 있기 때문에 비료가 필요하지 않다고도 말한다. 하지만 화분에 재배할 때는 덧거름을 줄 필요가 있다. 그러나 지나치게 많은 양을 주면 질소 과다로 잎과 줄기만 무성해지고 열매가 열리지 않는다. 콩류 식물에 덧거름을 줄 때는 늦게 시작해서 약간 적게 주는 것이 요령이다.

4. 수확

열매가 조금 여릴 때 수확한다. 열매가 너무 많이 자라면 꼬투리가 뻣뻣해진다. 꼬투리 안의 콩이 너무 커져 울퉁불퉁해진 것은 조림에 이용하면 맛있다.

수확 시기를 놓친 강낭콩. 벌써 바싹 말라 있어서 놀랐다.

Hint & Tips

새 조심

발아한 콩은 새들의 먹잇감이 되기 쉽다. 시력이 좋은 들새는 베란다 안까지 들어오므로 그물망을 쳐서 소중한 모종을 새들로부터 보호해야 한다. 사진 속의 방조용 그물(손으로 만듦)은 콩류 외에도 쥬키니 호박의 새싹이나 딸기 열매까지 지켜주기 때문에 유용하다.

여러 종류의 강낭콩

강낭콩에는 일반 녹색 품종 외에도 꼬투리 폭이 넓은 모로코 품종과 보라색, 노란색 등의 화려한 색을 가진 품종도 있다. 다양한 종류의 강낭콩을 먹어 보고 비교하는 것도 즐거움이다. 데치면 콩깍지의 화려한 색이 짙은 녹색으로 변하는 것도 있다.

보라색 품종과 얼룩 모양이 재미있는 품종

모로코 품종

여름 채소는 끝물 확인이 중요

혹독한 더위를 견디며 열심히 자란 여름 채소도 결국에는 그 기력이 떨어지고 만다. 아직 열매가 열려 있다고 해서 언제까지나 익기만을 기다릴 수도 없다. 열매가 작아지거나 형태와 색이 나빠지고 맛이 떨어지면 그 채소는 서서히 베란다에서 철수해야 할 시기가 온 것이다.

채소 재배는 시기가 모든 것을 좌우한다. 특히 공간이 넉넉하지 않은 작은 베란다 채소 정원에서는 이미 있는 화분을 비우지 않는 이상 다음 채소를 키우기가 힘들다.

게다가 파종이나 이식에는 적절한 시기가 있는데, 이 시기를 놓치면 채소의 생육에 지장을 초래한다. 원활한 재배를 위해서라도 과감히 포기할 줄 알아야 한다. 가을 채소 준비 기간을 고려하여 8월말을 철수 시기로 삼는 것이 좋다. 다만 만기 파종을 한 강낭콩과 수확 기간이 긴 가지, 피망, 여주는 8월말에도 생생하게 잘 자란다. 이 시기를 어떻게 전환하느냐에 따라 베란다 채소 정원 주인의 솜씨가 발휘된다.

강낭콩

강낭콩은 비교적 수확 기간이 짧다. 한창때가 지나면 꼬투리가 뻣뻣해지고 콩도 잘 여물지 않는다. 열매가 전혀 열리지 않을 때가 끝물이다.

토마토

곁순 따기와 순 따기를 제대로 했다면 수확할 수 있는 열매의 양은 정해진다. 포기가 약해져서 작은 열매가 열리거나 단단해지고 맛이 없으며 붉어지지 않으면 끝물이다.

가지

가지는 비교적 오랫동안 수확할 수 있다. 가을에 수확한 가지는 맛이 좋으므로 다음 채소를 키울 예정이 없거나 공간 여유가 있다면 조금 더 기다려도 좋다. 그러나 역시 크게 자라는 데 시간이 걸린다.

피망

가지와 마찬가지로 비교적 장기간 수확할 수 있으므로 8월말이 되면 생육 상태를 관찰해 본다. 단, 열매 크기는 확실히 작아진다.

여주

수확기를 놓치면 익어서 오렌지색이 되어 터져 버린다. 9월에 들어서도 수확할 수 있는데, 열매가 잘 자라지 않으면 끝물이라고 생각할 것.

오이

여름 채소 중에서도 수확 시기가 비교적 빠른 오이는 끝물도 빠르다. 싱싱하지 않고 모양이 구부러지거나 끝이 가늘어지면 끝물이라고 생각해도 된다.

풋콩 _콩과

튼튼하고 키우기 쉽다. 🌱🌱

수확량이 만족스럽다. 🌱🌱

보는 즐거움이 있다. 🌱🌱

여름에 맥주를 마실 때 빠지지 않는 안주 풋콩. 여기서는 포트로 모종을 만들고 화분에 옮겨 심는 방법을 소개한다. 화분을 미처 준비하지 못했을 때 편리한 방법이다. 강낭콩과 마찬가지로 화분에 직파하여 재배해도 된다. 검은콩을 풋콩으로 수확할 수도 있지만 적절한 파종 시기는 6월이고 수확 시기는 10월이다. 이렇듯 일반 풋콩과는 재배 시기가 매우 차이 나므로 주의해야 한다.

아직 깍지 속의 열매가 충분히 여물지 않았다. 조금 더 여물었을 때 수확한다.

월	1	2	3	4	5	6	7	8	9	10	11	12
이식·수확				파종			수확					
그 밖의 작업				솎아 내기 / 옮겨심기, 순 따기								
덧거름					꽃이 피면 1회							

덧거름 꽃이 필 때까지는 비료를 주지 않고 꽃이 피면 고형 비료를 1회 준다. 고형 비료 대신 꽃이 피었을 때부터 수확할 때까지 10일에 1회 정도 농도가 옅은 액체 비료를 줘도 좋다.

물 주기 건조한 환경에 약해서 꽃필 때와 열매가 여물기 시작하는 여름에 물이 말라 버리면 열매가 부실해진다. 싹트기 전에 물을 너무 많이 줘도 씨앗이 썩어 버리므로 주의.

병충해 진딧물·풍뎅이·방귀벌레 등의 해충 피해가 발생하기 쉬우므로 잘 관찰해야 한다. 이런 것들이 발견되면 바로 잡아서 없앤다.

1. 파종

씨앗을 하룻밤 정도 물에 담가 두면 발아가 빨라진다. 9cm의 포트에 2~3알의 씨앗을 뿌려 2~3cm 두께로 흙을 확실히 덮는다. 금방 발아한 것은 새의 먹잇감이 되므로 그물망 등을 쳐서 보호한다.

2. 솎아 내기

본잎의 수가 2~3장이 되면 솎아 내기를 하여 포트에 두 개의 싹만 남긴다.

3. 정식(옮겨심기)

본잎이 세 장 정도 되면 정식(옮겨심기)을 한다. 대형 사각 플랜터에 밑거름이 든 배양토를 넣고 포기와 포기 사이를 15cm 정도로 하여 모종의 뿌리 흙이 부서지지 않게 주의하여 심는다.

이때는 열매도 잘 열리지 않고 꼬투리도 잘 여물지 않았다. 항상 똑같을 수 없는 것이 가정 재배의 특징이다.

4. 순 따기

본잎이 5~6장 정도 되면 본가지 끝의 순을 따서 곁순을 자라게 한다. 이렇게 하면 콩깍지가 잘 열리고 포기의 키가 성장하는 것도 막아 아담한 크기로 키울 수 있다. 줄기가 쓰러질 것 같으면 버팀목을 세운다.

여기는 확실히!

가지 끝 자르기!

곁순이 자란다.

5. 수확

꼬투리가 볼록해지면 포기째 뽑아서 수확한다. 깍지 속의 콩이 90% 정도 찼을 때가 수확 시기다. 너무 차면 단단해져서 맛이 떨어진다. 수확 후 시간이 흐르면 맛과 향이 모두 떨어지므로 바로 먹는 것이 좋다.

흙속에서 땅콩을 캐는 순간은 무척 감동적이다. 땅콩이 남아 있지는 않은지 화분 속을 잘 살펴보자.

땅콩 _콩과

튼튼하고 키우기 쉽다. 🌱🌱🌱

수확량이 만족스럽다. 🌱🌱

보는 즐거움이 있다. 🌱🌱🌱

모종을 구할 수 있다면 꼭 한번 키워 보라고 권하고 싶은 땅콩. 높은 온도에서 잘 자라므로 한여름 베란다에 꼭 재배해 보기 바란다. 꽃이 피면 씨방 부분에서 땅속으로 줄기가 자라 그 끝이 불룩해지면서 땅콩이 되어 가는 과정이 정말 흥미롭다. 흙이 보송보송해야 키우기 쉬우므로 배양토를 이용한 재배에 적합하다. 큰 화분에서 키우고, 자라난 줄기는 반드시 흙이 있는 곳으로 유도해 주는 것이 재배 포인트다.

월	1	2	3	4	5	6	7	8	9	10	11	12
이식·수확					이식					수확		
그 밖의 작업							꽃이 피면 줄기 유도					
덧거름					이식 2주 후에 1회							

덧거름 약간 적게 주는 것이 좋다. 이식 후 2주 정도 지나 줄기가 잇달아 자라면 고형 비료를 1회 준다.

물 주기 다습해지지 않게 주의하되, 여름철에는 물 주기에 신경 써야 한다.

병충해 잎을 조금 갉아먹은 흔적이 있는 정도라면 크게 신경 쓰지 않아도 된다.

1. 모종 준비

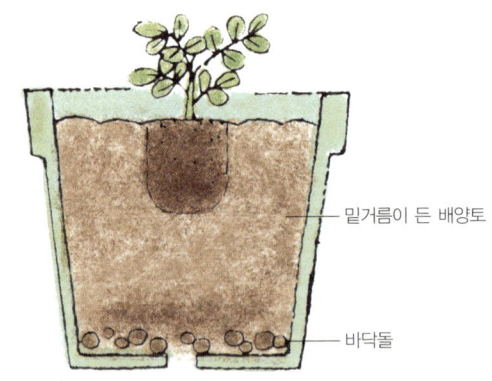

밑거름이 든 배양토

바닥돌

모종은 5월 하순에서 6월 사이에 나온다. 채소류 모종을 파는 화원에서 구입하면 된다. 큰 원형 화분(직경 40cm 이상)이나 사각 플랜터에 밑거름이 많이 들어 있는 배양토를 넣어서 심는다. 땅콩은 좌우로 퍼지면서 자라기 때문에 공간을 충분히 확보하는 것이 중요하다.

2. 관리

7월이 되면 꽃이 피기 시작한다. 꽃이 핀 지 3일 정도 지나면 꽃이 핀 자리에서 수염 모양의 씨방 줄기가 자라 흙속으로 파고든다. 이 줄기 끝에 땅콩이 열린다. 씨방 줄기가 흙속으로 잘 파고들어 갈 수 있도록 꽃이 핀 가지는 반드시 화분 흙 위로 오게 한다.

씨방 줄기

땅콩 꽃은 콩류처럼 독특하고 예쁘다. 꽃이 핀 자리에서 씨방 줄기가 자라 흙속으로 파고든다.

3. 수확

10월이 되면 흙속을 파서 알맞은 크기로 단단하게 자란 땅콩을 포기째 수확한다. 갓 캐낸 땅콩을 물에 데쳐서 바로 먹으면 그 맛이 아주 일품이다.

재료가 살아 있는 간단 요리

집에서 만드는 땅콩 버터

시중에서 파는 땅콩과는 비교할 수 없을 정도로 고소한 향이 나는 땅콩 버터를 집에서 직접 만든다. 메이플 시럽이 맛을 좌우한다.

● 만드는 법

① 땅콩 깍지를 벗겨 속이 뜨거워질 때까지 천천히 볶아서 속껍질을 벗겨 믹서를 이용해 잘게 부순다.

② 잘게 부순 땅콩을 절구에 넣어 더욱 곱게 빻는다. 힘이 들지만 점점 기름이 생기면서 끈끈해진다.

③ 실온에 내놓은 버터(땅콩의 약 1/4 정도)를 첨가해 더 빻는다. 맛을 보면서 메이플 시럽을 첨가하면 완성. 시럽은 기호에 맞게 첨가한다. 체에 한번 걸러도 되지만 그냥 이용하면 오톨도톨한 알갱이가 남아 씹히는 맛이 더 좋다.

바질 _자소과

튼튼하고 키우기 쉽다.　🌱🌱🌱

수확량이 만족스럽다.　🌱🌱🌱

보는 즐거움이 있다.　🌱🌱

바질을 한해살이 풀이라고 생각하는 경향이 있는데, 원산지인 인도에서는 여러해살이 식물이다. 원산지에서는 줄기가 코르크처럼 목질화되어 엄청 크게 자란다고 한다. 적절한 온도와 햇빛만 있으면 일 년 내내 수확할 수도 있다. 인기 있는 종류는 스위트 바질이고, 잎이 작고 소형종인 부쉬 바질도 요리하기 쉽다. 잎을 따면 딸수록 새 잎이 자라므로 요리에 많이 이용하자.

토마토와 궁합이 좋은 스위트 바질. 큰 화분에서 키우면 상당히 크게 자란다. 알맞은 형태로 만들기 위해서는 순 따기와 꽃 이삭 따기를 잘해야 한다.

월	1	2	3	4	5	6	7	8	9	10	11	12
이식·수확					이식		수확					
그 밖의 작업					순 따기		꽃 이삭 따기					
덧거름					액체 비료 주 1회							

덧거름　잎이 작아지거나 윤기가 없어지면 비료가 없어졌다는 신호다. 이식한 지 2주 후부터 물 대신 액체 비료를 주 1회 정도 준다.

물 주기　건조하면 잎이 상하지만 지나치게 습한 것도 좋지 않다. 적당한 습도가 유지될 수 있도록 신경 쓴다.

병충해　들깨잎말이명나방의 유충이 생기기 쉽다. 이 벌레는 잎을 실로 엮어서 그 속에 숨는다. 둥글게 말린 잎이 발견되면 잎을 통째로 따서 없앤다.

1. 모종 준비

파종한 모

꺾꽂이 모

바질 모종은 비교적 구하기 쉽지만 모종을 고를 때 주의할 사항이 있다. 저온에 약하므로 기온이 낮은 시기에는 구입하지 말 것. 5월에 모종을 구입해도 결코 늦지 않다. 또 모종에는 파종한 모와 꺾꽂이모가 있다(다음 페이지 참조). 수많은 모종 가운데 상태가 좋은 것을 고르려면 상품이 잘 정렬된 가게에서 구입하는 것이 좋다.

2. 이식

밑거름이 든 배양토를 사용하여 화분이나 플랜터에 이식하여 심는다. 직경 30cm의 화분에 1~2포기 정도가 가장 적당하다. 강한 햇볕에 닿으면 잎이 뻣뻣해지므로 약간 그늘진 곳에 화분을 놓아도 괜찮다.

밑거름이 든 배양토

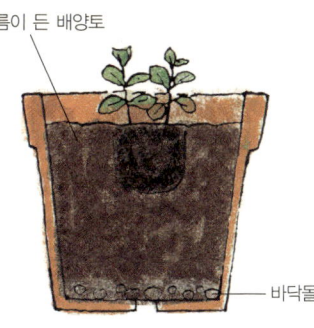

바닥돌

씨앗으로 재배한 모종은 솎아 내기가 잘 안 된 것도 있다. 욕심을 부리지 말고 솎아 내기를 한 뒤에 이식한다.

바질은 물에 꽂아 놓기만 해도 뿌리가 잘 난다. 시중에서 요리용으로 판매하는 바질을 구입하여 모종을 만들 수도 있다.

3. 순 따기와 꽃 이삭 따기

바질은 곁순을 많이 나게 하는 것이 좋으므로 키가 15~20cm 정도 되면 순 따기를 한다. 이렇게 하면 그 밑에서 곁순이 자라 부드러운 잎이 많아진다. 또 꽃 이삭이 달리면 그쪽으로 양분을 빼앗겨 잎이 뻣뻣해지고 맛과 향기도 떨어진다. 순 따기와 겸하여 꽃 이삭도 따낸다.

순 따기를 하면 가지 수가 늘어난다.

꽃 이삭이 보이면 바로 따 버린다.

 **이 모종은 씨앗으로 키웠나? 아니면 꺾꽂이인가?**

작은 싹이 포트에 많은 것은 씨앗으로 재배한 모종이다. 봄부터 초여름에 걸쳐 나오는 모종은 대부분 이 모종이다. 한편 줄기가 굵고 튼튼한 것은 꺾꽂이한 것일 가능성이 높다. 이 모종에는 떡잎이 없는 것이 특징이다. 뿌리가 충분하면 튼튼하게 자라고 성장 속도도 빠르다. 허브 전문점에서 취급하는 가격이 비싼 모종에는 이 꺾꽂이모가 많다.

4. 수확

필요한 만큼만 수확하되, 잎만 따지 말고 잎이 몇 장 달린 가지 끝을 통째로 수확한다. 순 따기도 겸한 것이 되기 때문에 그 밑에서 또 곁순이 자란다. 이렇게 계속 수확하면 연한 잎이 계속 늘어나 전체적으로 형태가 무성해진다.

여름부터 시작하는 채소

브로콜리 줄기

꽃봉오리뿐만 아니라 줄기도 맛있는 브로콜리는 내가 정말 좋아하는 채소 가운데 하나다. 줄기는 아삭아삭 씹히는 맛과 은근한 단맛이 있어 진짜 채소의 맛을 느낄 수 있다. 요즘 채소 가게에 진열되어 있는 브로콜리는 예전에 비해 줄기가 길어진 것 같다. 어쩌면 브로콜리 줄기 애호가가 많아져서 그런지도 모른다. 어쨌든 줄기를 좋아하는 나로서는 기쁘기만 하다.

그래서 우리 집 베란다에는 일반 브로콜리와 스틱브로콜리 화분이 나란히 있다. 스틱브로콜리란 갈라져 나간 가는 줄기 끝에 작은 꽃봉오리가 달린 품종을 말한다. 꽃봉오리를 작게 자를 필요도 없고 줄기의 억센 껍질을 벗길 필요도 없이 그냥 살짝 데치기만 하면 된다. 손질하는 것을 번거로워하는 사람들에게 좋다. 줄기는 겉모양과 맛에서 아스파라거스와 비슷하고, 입 안에서 씹히는 식감도 좋다.

지중해 연안 지방이 원산지인 브로콜리는 이탈리아에서 유럽 각지로 퍼졌다고 한다. '브로콜리'는 이탈리아어로 '줄기'를 의미하는데, 지금도 유럽에서는 스틱브로콜리가 매우 인기 있다고 한다. 색깔도 다양해서 녹색뿐만 아니라 백색과 보라색 꽃봉오리를 가진 품종도 있다. 예전에 내가 키우던 보라색 스틱브로콜리는 겉모양도 예쁘고 오랜 기간 많은 양을 수확할 수 있는 우수 품종이었다. 이것이 바로 좁은 베란다에서 브로콜리를 재배할 수밖에 없는 이유다.

애초부터 식물은 씨를 맺기 위해 꽃을 피운다. 이를 위해 몸속의 엉양분을 부지런히 꽃잎으로 보낸다. 이로 미루어 보아 꽃과 가까운 부분에 있는 줄기에도 영양분이 있다는 것을 추측할 수 있다(어디까지나 추측이다). 그렇지 않아도 영양이 풍부한 브로콜리에 포기 전체로부터 받은 양분이 줄기에 쌓여 있으니 그 맛이 뛰어난 것은 당연하다. 이 추론이 맞는다면 제철이 지난 소송채의 줄기도 아주 맛있을 것 같다. 꼭 한번 시험해 보기 바란다.

이렇게 색이 고운 고구마도 있다. 자루 하나에서 이만큼이나 수확했다.

고구마 _메꽃과

튼튼하고 키우기 쉽다.		🌱🌱🌱
수확량이 만족스럽다.		🌱🌱🌱
보는 즐거움이 있다.		🌱

중남미에서 생겨난 고구마는 온도가 높고 건조한 환경을 좋아한다. 게다가 물과 덧거름도 조금씩만 주면 된다. 고구마만큼 베란다나 옥상에서 키우기에 적합한 채소도 드물 것이다. 고구마는 흙에서 캐어 며칠이 지나면 단맛이 증가하기 때문에 굳이 갓 캐낸 것을 선호할 필요는 없다. 식이 섬유가 풍부하여 피부 미용에도 효과적인, 특히 여성에게 믿음직스러운 채소다.

월	1	2	3	4	5	6	7	8	9	10	11	12
이식·수확					이식					수확		
그 밖의 작업												
덧거름												

덧거름 고구마는 원래 메마른 땅을 좋아하는 채소다. 비료가 많으면 오히려 덩굴만 무성해져서 충분한 양을 수확할 수 없다. 따라서 덧거름은 거의 필요 없다고 보면 된다. 다만 잎의 색이 너무 연하다면 액체 비료를 주어서 상태를 관찰하도록 한다.

이것으로 OK!

물 주기 자주 주지 않는 것이 좋다. 흙 표면이 완전히 말라 포기가 시들시들해졌을 때 주면 된다.

병충해 잎과 줄기에 식해충이 조금 있기는 하지만 고구마에는 거의 피해가 없다.

1. 덩굴 준비

고구마는 씨고구마를 심지 않고 덩굴을 흙에 심어서 뿌리가 달리게 한다. 덩굴은 5월 하순에서 6월 초순에 걸쳐 원예점이나 시장에서 다발로 묶여 판매된다. 줄기가 굵고 속이 비지 않은 것을 고른다. 통신 판매로 구입할 경우에는 서둘러야 한다. 구입한 덩굴이 다소 시들었어도 흙에 심으면 다시 생생해지므로 걱정할 필요는 없다.

2. 이식

구입한 고구마 덩굴은 바로 이식하여 심는다. 큰 화분이나 자루로 재배하면 된다. 흙 포대는 그대로 사용해도 좋지만 비닐 포대는 바닥에 물 빼기용으로 작은 구멍을 몇 개 뚫어 둔다. 밑거름이 들어 있는 배양토를 넣고 흙을 축축하게 적신 뒤에 심는다. 직경 30cm의 화분에는 덩굴 한 대, 큰 흙 포대라면 두 대가 적당하다. 심은 지 4~5일 정도 지나면 뿌리가 나오고 새로운 싹이 나오기 시작한다.

자라고 있는 모습. 더위에 지쳐 사람은 녹초가 되어도 고구마는 생생하다.

여기는 확실히!

잎이 붙어 있는 마디에서 뿌리가 나기 때문에 이 부분을 반드시 흙에 묻어 두고 잎은 흙 위로 나오게 한다.

3. 수확

뿌리 주변의 흙을 살짝 파서 고구마가 충분히 여문 것이 확인되면 수확한다. 이때 덩굴은 떼어 내고 고구마를 살살 캐낸다.

덩굴 모종 만들기

감자와 달리 고구마는 식용 고구마를 사용하여 모종을 만들 수 있다. 모종을 만드는 방법은 의외로 간단하다. 4월 하순이 되면 고구마를 신문지 등에 싸서 실내에 놓아둔다. 싹이 나오면 싹이 나온 쪽을 위로 오게 하여 흙에 묻고, 건조하면 물을 준다. 덩굴이 자라 길이가 30cm 정도 되면 잘라서 모종으로 이용한다. 고구마 한 개에서 10대 이상의 덩굴을 딸 수 있으니 놀라울 뿐이다.

덩굴이 30cm 정도 자라면 잘라서 모종으로 사용한다.

덩굴과 잎도 먹을 수 있는 고구마

동남아시아 여러 나라에서는 고구마 덩굴과 잎이 귀중한 채소로 사용되어 왔다. 우리나라에서도 시중에 판매되고 있다. 식이섬유가 풍부한 덩굴과 잎자루는 우엉처럼 기름에 볶아 먹으면 맛있다. 조금 질길 때는 살짝 데쳐서 껍질을 벗겨 조리하면 된다.

브로콜리 _유채과

튼튼하고 키우기 쉽다. 🌱🌱

수확량이 만족스럽다. 🌱

보는 즐거움이 있다. 🌱🌱

겨울 채소의 왕이라 불리는 브로콜리는 베란다 채소 정원에서도 그 존재감이 다른 것들을 압도한다. 브로콜리 모종은 쉽게 구할 수 있지만 진열되는 기간이 매우 짧으므로 시기를 놓치지 않도록 해야 한다. 인기가 많아지고 있는 스틱 브로콜리 모종도 눈에 띄지만 그 밖의 품종은 거의 팔지 않는다. 다른 품종을 키우고 싶을 때는 콜리플라워를 참고하여 씨앗으로 키워도 좋을 것 같다.

옥상에서도 이렇게 근사한 브로콜리를 키울 수 있다. 꽃봉오리의 직경이 15cm나 되었다.

월	1	2	3	4	5	6	7	8	9	10	11	12
이식·수확								이식			수확	
그 밖의 작업									버팀목 세우기			
덧거름									3주에 1회			

덧거름 비료를 좋아하므로 비료가 떨어지지 않게 할 것. 이식한 지 2주 뒤부터 3주에 1회씩 고형 비료를 준다. 겨드랑이에서 나오는 꽃봉오리도 수확하려면 꼭대기 꽃봉오리를 수확한 뒤에도 비료를 공급해 줘야 한다.

물 주기 이식 시기에는 기온이 높으므로 건조해지지 않게 주의할 것. 물 주기를 잊지 말아야 한다.

병충해 배추벌레와 배추좀나방이 생기기 쉬우므로 발견 즉시 잡아 없앤다. 심식충(열매 속을 파먹는 벌레)이 생장점을 갉아먹으면 꽃눈이 열리지 않아 포기 전체를 버려야 하므로 잘 확인한다.

1. 모종 선택과 이식

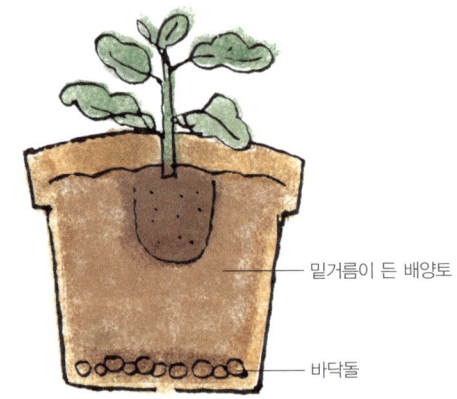

- 밑거름이 든 배양토
- 바닥돌

모종은 8월 중순경에 나온다. 아직 더울 때라 겨울 채소에까지 생각이 미치지 못할 수도 있지만 모종 구입하는 것을 잊지 않도록 주의한다. 이식할 때는 직경 30cm 이상의 큰 화분에 한 포기씩 심는 것이 적당하다.

○　　　　×

모종은 잎 색깔이 진하고 줄기가 튼튼한 것을 고른다.
이때 선택한 모종이 수확 때 브로콜리의 크기를 결정한다.

스틱브로콜리 품종인 '스틱 세뇨르'는 중국 채소인 카이란(芥藍)과 브로콜리를 교배한 것이다. 수확량이 많고 키우기 쉽다. 꽃봉오리 부분이 원래 작기 때문에 자를 필요 없이 그대로 데치면 된다.

보라색 품종의 브로콜리.
데치면 녹색으로 변하는
것이 조금 아쉽다.

2. 버팀목 세우기

꽃봉오리가 달리면 줄기 위쪽이 무거워져서 균형을
잃으므로 재빨리 버팀목을 세운다.

3. 수확

꼭대기 꽃봉오리가 알맞은 크기로 자라면 수확한다.
시기를 놓치면 꽃이 펴서 맛이 떨어지므로 주의해야
한다. 줄기가 굵으므로 칼을 이용해 자르는 것이 쉽
다. 꽃봉오리만 자르지 말고 길게 잘라서 줄기도 먹
어 보자. 얼마 후에 겨드랑이 가지에서 자라난 작은
꽃봉오리도 알맞은 크기가 되면 수확한다. 한 포기
에서 4~5개 정도를 수확할 수 있으면 충분하다.

먼저 꼭대기 꽃봉오리를 수확한다.

겨드랑이 꽃봉오리도 수확하자.

미니 콜리플라워 품종으로 가정에서 키우기에 적합하다. 꽃봉오리는 약간 작지만 먹기에 편하다.

콜리플라워 _유채과

튼튼하고 키우기 쉽다.   🌱🌱

수확량이 만족스럽다.   🌱

보는 즐거움이 있다.   🌱🌱

콜리플라워는 브로콜리에 비해 인기가 낮은 편이다. 아마도 꽃봉오리가 너무 크기 때문이 아닐까 생각된다. 하지만 베란다 채소 정원에서는 크기가 큰 수확물이 더 환영받는다. 콜리플라워는 큰 화분에 심어서 덧거름을 효과적으로 주는 것이 가장 중요하다. 꽃봉오리를 보호하여 예쁘고 하얀 콜리플라워를 키워 보자. 추위를 만나서 단맛이 더해진 콜리플라워는 입 안에서 씹히는 식감도 그만이다.

월	1	2	3	4	5	6	7	8	9	10	11	12
이식·수확								이식			수확	
그 밖의 작업								버팀목 세우기, 꽃봉오리 보호				
덧거름								3주에 1회				

덧거름 재배 기간이 길어서 비료가 떨어지면 꽃봉오리 크기에 영향을 미친다. 이식한 지 2주 정도 지나서 수확할 때까지 3주에 1회씩 고형 비료를 준다.

물 주기 건조해지면 흠뻑 준다. 여름 동안에는 물이 마르지 않게 주의하고, 늦가을에는 물을 자주 주지 말 것.

병충해 배추벌레와 배추좀나방 유충에 주의한다. 심식충이 생장점을 갉아먹으면 꽃눈이 열리지 않으므로 벌레의 배설물이 떨어져 있는지 자주자주 확인한다.

1. 이식

밑거름이 든 배양토
바닥돌

8월 중순경, 줄기가 굵고 잎 색깔이 진한 튼튼한 모종을 구입한다. 화분 재배에 적합한 미니 품종을 재배해 보는 것도 좋다. 직경 30cm의 큰 화분에 한 포기를 기준으로 밑거름이 든 배양토를 넣고 심는다.

2. 버팀목 세우기와 꽃봉오리 보호

콜리플라워는 흰색 외에도 오렌지색이나 보라색 같은 화려한 품종도 있다. 왼쪽은 오렌지색 품종인 '오렌시부케'이고, 위쪽은 보라색 품종인 '바이올렛퀸'이다. 두 가지 모두 데치면 색이 더욱 선명해져서 맛은 물론 시각적으로도 즐겁다.

버팀목은 재빨리 세워야 한다. 꽃봉오리가 달리면 줄기 위쪽이 무거워져 균형을 잃기 때문이다. 꽃봉오리가 커지기 시작하면, 백색 품종일 경우 햇볕에 의해 노랗게 변하는 것을 막기 위해 주변의 잎을 덮어서 꽃봉오리를 감싼다. 꽃봉오리가 보라색이나 오렌지, 녹색인 품종은 감싸지 않아도 된다.

3. 수확

꽃봉오리가 직경 15cm 정도 되면 수확한다. 미니 품종은 10cm 정도가 적당하다. 시기를 놓치면 꽃이 펴서 표면이 버석버석해져 맛이 떨어지므로 주의해야 한다. 콜리플라워에는 곁눈이 생기지 않으므로 수확은 이것으로 끝이다.

씨앗으로 키우려면?

시판되고 있는 대부분의 모종은 백색 품종이다. 색깔이 화려한 매력적인 품종을 발견했다면 반드시 모종 만드는 일부터 도전해 보자. 7~8월이 파종하기에 직질하다. p.32를 참고로 포트 파종을 하면 된다. 4~5일이 지나면 싹이 나오는데, 여기서부터 조금 어렵다. 일 년 중 가장 더운 시기인 만큼 건조해지지 않도록 아침저녁으로 2회씩 물을 주고, 직사광선을 피해 차광 그물 밑이나 그늘에서 보호한다.

당근 _미나리과

튼튼하고 키우기 쉽다. 🌱

수확량이 만족스럽다. 🌱

보는 즐거움이 있다. 🌱🌱🌱

당근은 봄 파종과 여름 파종 모두 가능하지만 여기서는 키우기 쉬운 여름 파종을 소개한다. 재배의 핵심은 발아에 있다. 즉 발아만 잘된다면 그 다음은 안심하고 키울 수 있다. 솎아 내기를 확실히 하고 덧거름을 충분히 주면 모양이 예쁘고 굵은 당근이 생산된다. 길이가 15~20cm 정도 되는 5촌 당근과 미니 사이즈 품종이 키우기 쉽다.

색이 진하고 카로틴이 풍부하다. 배양토가 말랑말랑해서 수확하기 쉽다.

월	1	2	3	4	5	6	7	8	9	10	11	12
이식·수확								이식			수확	
그 밖의 작업								솎아 내기(2~3회에 나누어서 한다.)				
덧거름								액체 비료 7~10일에 1회				

덧거름 당근은 비료분을 좋아하기 때문에 두 번째 솎아 내기를 한 뒤부터 덧거름을 주기 시작한다. 정기적으로 덧거름을 주어야 하므로 액체 비료가 효과적이다. 간격은 7~10일.

물 주기 발아 후에 너무 건조하면 뿌리가 갈라질 수 있으므로 습도를 적절하게 유지해 주어야 한다.

병충해 진딧물이 발생하거나 미나리과의 식물을 먹는 산호랑나비 유충이 생기기도 한다. 하지만 흙속의 선충류 피해는 크게 걱정하지 않아도 된다.

1. 파종

길이가 짧은 품종이나 미니 품종은 재배 용기의 깊이가 20cm 정도면 된다.

사각 플랜터나 나무 상자처럼 깊이가 있는 재배 용기를 준비한다. 밑거름이 든 배양토를 충분히 적시고 가는 홈을 파 놓는다. 씨앗이 겹치지 않게 줄뿌리기를 하고, 양옆의 흙을 손가락으로 집듯이 얇게 흙을 덮는다(복토). 당근 씨앗은 햇빛을 좋아하기 때문에 흙을 너무 많이 덮으면 싹이 트지 않으므로 주의할 것.

새털 깃처럼 생긴 당근 잎은 매우 예쁘다. 향기가 진해서 튀김을 하면 특히 맛있다.

2. 발아할 때까지의 관리

발아할 때까지는 절대 건조해지지 않도록 신문지 등으로 화분을 덮어 준다. 물을 줄 때는 노즐이 달린 물뿌리개로 물줄기를 약하게 하여 씨앗이 떠내려가지 않도록 할 것. 10일 정도 뒤에 발아하면 끝난 것이나 다름없다. 당근은 여기까지가 가장 힘들다.

빛을 좋아하므로 신문지는 한 장만 덮어 준다.

3. 솎아 내기

본잎이 2~3장 정도 되면 지나치게 무성한 부분이나 잎 형태가 좋지 않은 것, 힘이 없는 것, 작은 것 등은 솎아 낸다. 2~3회에 나누어 솎아 내어 본잎이 6~7장 정도 되었을 때 포기 간격이 8~10cm가 되게 한다. 솎아 내기를 하면서 흙을 포기 밑동 쪽으로 몰아 놓는다. 뿌리가 굵어지면서 위로 올라와 햇빛에 닿은 부분이 녹색으로 변하기 때문이다.

솎아 내기를 한 뒤에는 흙을 몰아 준다.

품종을 잘 고르면 봄 파종도 가능

당근은 여름 파종이 일반적이지만 품종에 따라 봄 파종이 가능한 것도 있다. 씨앗 봉투에 기재된 사항을 잘 읽고 '봄 파종용'이라고 적혀 있는 것을 고르면 된다. 봄 파종에 적절한 시기는 3~4월이다. 발아할 때까지 시간이 좀 걸리지만 씨앗을 뿌리고 나서 3개월 정도 지나면 수확할 수 있다. 봄에는 토마토나 가지를 심은 큰 화분이 베란다를 차지하고 있으므로 작은 플랜터로도 재배할 수 있는 미니 당근을 권한다.

4. 솎아 내기

흙을 조금 파서 뿌리가 얼마나 굵어졌는지를 확인한 다음 뿌리 밑동이 충분히 굵으면 수확한다. 방금 캐낸 당근은 향이 진하고 맛이 달다. 수확이 늦어지면 당근 뿌리가 갈라질 수 있으므로 한창 맛있을 때 수확해서 먹는다.

마지막 단계의 솎아 내기를 한 당근. 벌써 모양이 제법 그럴듯하다. 당근을 솎아 낼 때마다 뿌리와 잎을 먹어 보자. 여러 생육 단계의 당근을 맛볼 수 있을 것이다.

포기 밑동 쪽의 마른 잎은 뽑아서 말끔하게 정돈한다. 의외로 잎이 잘 꺾이므로 자주자주 수확하여 너무 길어지지 않게 할 것.

쪽파 _백합과

튼튼하고 키우기 쉽다.　🌱🌱🌱

수확량이 만족스럽다.　🌱🌱🌱

보는 즐거움이 있다.　🌱

베란다 채소 정원에서 빠질 수 없는 것이 향신료용 채소다. 씨앗으로 재배하는 일반 파와는 달리 쪽파는 알뿌리로 재배할 수 있기 때문에 많은 수고를 들이지 않고 키울 수 있다. 알뿌리는 8월 중순 쯤부터 나오기 시작한다. 늦가을부터 이른봄까지 오랫동안 수확할 수 있으므로 덧거름을 주는 것이 중요하다. 수확 후 캐낸 알뿌리는 가을에 심으면 다시 이용할 수 있다.

월	1	2	3	4	5	6	7	8	9	10	11	12
이식·수확	▬							▬ 이식			▬ 수확	
그 밖의 작업			● 알뿌리 캐기									
덧거름	▬							▬ 10cm 정도 되면 1회		▬ 수확할 때마다		

덧거름　여러 번에 나누어 수확하므로 덧거름이 중요하다. 10cm 정도로 자라면 고형 비료를 1회 주고, 이후에는 수확 때마다 덧거름을 준다.

물 주기　습한 것을 싫어하므로 물을 자주 주지 말고, 흙 표면이 말랐을 때 듬뿍 줄 것.

병충해　파 종류는 독특한 향기 때문에 벌레가 접근하지 못한다고 생각하는데, 검은색의 파혹진딧물이나 잎 속에 숨어서 잎을 갉아먹는 파잎굴파리처럼 파를 좋아하는 해충도 있다. 통풍이 안되면 발생하므로 부지런히 수확하여 재배 환경을 정리해 두어야 한다.

/. 알뿌리 준비

가을과 겨울 수확용 알뿌리를 구한다. 구입한 알뿌리 중에는 충분히 마르지 않은 것도 있으므로 바로 심지 않을 경우에는 곰팡이가 생기지 않도록 통풍이 잘되는 곳에 보관한다. 상한 부분은 떼어 내고, 알뿌리의 덩어리가 크면 2~3쪽으로 나누어도 된다.

2. 이식

알뿌리 끝을 조금 잘라 주면 싹이 쉽게 나온다. 조금 잘라 내는 정도라면 싹이 잘려 나가도 괜찮다. 밑거름이 든 배양토를 사용하여 5~10cm 간격으로 지면 위로 보일 듯 말듯 심는다.

3. 수확

알뿌리를 심은 지 2개월 정도 지나면 수확할 수 있다. 잎이 지나치게 많이 자라면 잘 꺾이므로 길이가 20cm 정도 되면 수시로 수확한다. 이때 뿌리 밑동을 3cm 정도 남겨 두고 자르면 다시 잎이 자라난다. 반복해서 3~4회 정도 수확할 수 있다.

수확량이 많으면 잘게 잘라서 냉동 보관한다. 향신료로 쓰거나 음식의 색을 낼 때 필요한 만큼 사용할 수 있다.

4. 알뿌리 보존

봄이 되어 잎과 줄기가 노랗게 변하면 이제 곧 재배가 끝났다는 신호다. 알뿌리를 캐서 통풍이 잘되는 그늘에 말려 다음에 이식할 때까지 어둡고 서늘한 곳에 보관한다.

키워 보고 싶은 재미있는 채소

식탁에 빠지지 않고 우리에게 익숙한 기본 채소도 좋지만 가끔은 색다른 채소도 키워 보고 싶을 것이다. 모양이 독특하거나 겉모양과는 어울리지 않는 맛을 지닌 채소도 굉장히 많다. 여러 가지 채소에 도전하여 베란다 채소 정원을 가꾸는 즐거움의 폭을 넓혀 보자.

▲ 꽃봉오리가 보라색을 띠는 것도 있다. 무슨 색이 될지 기대하는 것도 재미있다.

◀ 친구는 산호초를 괴물의 등처럼 생긴 채소라고 했다. 정말 표현 그대로다.

로마네스코 (Romanesco, 유채과)

● 수확기 3월
● 파종 시기는 7월 하순~8월

정말 기이하게 생겼지만 이탈리아 전통 채소라고 한다. 브로콜리 종류로 분류되기도 하고 콜리플라워 종류로 분류되기도 한다. 특징은 독특한 모양에 있는데, 꽃봉오리 하나하나가 원추형으로 되어 있어 표면이 오톨도톨한 느낌이 난다. 전체적으로 피라미드 모양을 하고 있다. 녹황색 꽃봉오리는 데치면 선명한 에메랄드그린색이 된다. 아삭아삭 씹히는 맛이 좋고 단맛이 풍부한, 누가 뭐라 해도 맛있는 채소다. 만생종이라 파종에서 수확할 때까지 반년 이상 걸린다. 하지만 그만큼 꽃봉오리가 커져서 직경이 무려 20cm나 된다. 브로콜리와 재배 방법이 거의 비슷하며, '산호초'나 '콜리브로콜리', '금강산' 등의 상품명으로 나와 있는 것도 있다.

오텀 포엠 (autumn poem, 유채과)

● 수확기 11~12월
● 파종 시기 8~9월

꽃대의 줄기와 꽃봉오리를 먹는 잎채소다. 잎이 소송채와 비슷해서 '줄기 소송채'라고 부르고 싶지만 다른 이름은 '아스파라거스 잎'이다. 요즘은 줄기브로콜리나 줄기쑥갓, 줄기상추 같은 줄기 채소의 인기가 높다. 줄기의 영양가는 잎보다 훨씬 높다고 한다. 데쳐서 간장 등에 무치거나 볶음 요리를 하면 아주 맛있다.

가을 파종을 하는 잎채소류와 같은 방법으로 재배하면 된다. 만기 파종을 하면 줄기가 뻣뻣하거나 충분히 여물지 않으므로 시기를 놓치지 않는 것이 중요하다. 진디와 배추좀나방 유충이 생기기 쉬우므로 부직포 등으로 덮어 주어야 한다. 봄에 씨앗을 뿌려도 재배할 수 있다.

꽃봉오리도 먹을 수 있는데 그만 꽃이 피고 말았다. 유채과 특유의 십자화 꽃이다.

쥬키니 호박^(박과)

- 수확기 6~7월
- 모종이 나오는 시기 4월 하순~5월

모양은 오이와 비슷하지만 호박류다. 최근에는 모종도 많이 나오므로 가정에서도 재배할 수 있다. 오이나 여주에 비해 줄기가 크게 자라지 않고 땅딸막하기 때문에 화분 재배에 알맞다. 뿌리가 얕고 넓게 퍼지므로 대형 화분을 사용하면 좋다. 쥬키니 호박을 재배할 때 가장 중요한 것은 수분(受粉), 즉 가루받이다. 모처럼 암꽃이 폈는데 수꽃이 피지 않는 경우가 종종 있기 때문이다. 이를 해결하기 위해서는 여러 개의 모종을 함께 심을 수밖에 없다. 수분은 곤충에만 의지하지 말고 손으로 직접 해 주는 것이 확실하다. 암꽃이 핀 날 오전에 수꽃의 꽃가루를 묻혀 주면 된다. 수분이 잘됐다면 일주일 이내에 수확할 수 있다.

자주 볼 수 있는 가늘고 긴 형태의 쥬키니 호박이 아닌 원반 모양의 백색 품종.

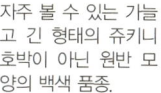

큰 꽃은 식용으로도 쓰인다. 꽃에 치즈를 넣어 튀기면 멋진 일품 요리 완성!

오키나와 채소

오키나와에서 생산된 식료품을 전문적으로 취급하는 가게에 가면 여주나 공심채(空心菜) 같은 채소들이 쭉 진열되어 있다. 그 밖에 염교(락쿄)나 삼칠초, 식용 수세미(니베리) 같은 희귀한 채소들도 있다. 모두가 오키나와 요리에서 빠질 수 없는 채소라고 한다. 이것들을 베란다 채소 정원에서도 재배할 수 있는지 궁금해서 견딜 수가 없었다. 염교를 구입하여 즉시 심어 봤더니 얼마 후에 싹이 나왔다. 삼칠초는 잎을 먹고 남은 줄기는 흙에 꽂아 놓았더니 여기서도 뿌리가 생겼다. 오키나와 채소는 더위에 강해 여름 비란다에서 재배하기에 딱 알맞다. 씨앗이나 알뿌리를 심거나 꺾꽂이라도 해 보는 것은 어떨까?

삼칠초

염교

가을부터 시작하는 채소

전통 채소 '무'로 고향 자랑

무가 지친 위장에 효과적이라는 사실은 잘 알려져 있다. 비타민 C도 풍부하여 생으로 먹어도 좋고, 익혀서 국물 맛을 내는 데 이용해도 좋다. 샐러드나 조림 등 어떤 요리에도 골고루 사용할 수 있는 만능 채소다. 하지만 정말 놀라운 점은 '변이성'이다. 오랜 옛날부터 사람들에게 귀중한 보물처럼 여겨진 대중적인 채소 무는 전국 각지로 퍼져 나가 길어지거나 더 커지거나 더 둥글둥글해지면서 모양이 변했다.

예를 들어 도쿄의 저지대에서 생겨난 '카메이도(龜戶) 무'는 에도의 전통 채소 가운데 하나다. 지금은 매우 희귀해진 이 품종은 일본에서 가장 작은 무다. 에도 시대에는 '다복(多福)무'라고 하여, 먹으면 복이 들어온다는 이유로 사람들이 좋아했다. 이 이야기를 듣고 나도 한번 먹어 봐야겠다는 생각에 친구와 함께 카메이도 무를 전문으로 취급하는 전통 음식점에 찾아갔다.

에도 시대의 맛을 잘 재현한 '카메이도 무 모시조개탕'은 모시조개와 제철 채소를 진한 된장으로 맛낸 에도풍의 냄비 요리다. 카메이도 무는 푹 익히지 않고 얇게 썬 것을 육수에 살짝 담그기만 한다. 보리가 섞여 있는 채소밥에 건더기와 국물을 듬뿍 얹어서 먹는 것이 옛날부터 전해 오는 방법이라고 한다. 뜨거운 밥을 호호 불어 가며 정신 없이 먹다 보니 친구와 대화할 때도 에도 상인들처럼 말투가 거칠어진 것 같았다.

카메이도 무를 생으로 씹었을 때의 부드러움과 싱싱함이란! 무 특유의 매운맛과 단맛이 분명하게 느껴졌다. 뿌리는 밑으로 내려갈수록 가늘게 쭉 뻗어 있고 표면이 깨끗하다. 만약 '예쁜 무 콘테스트'가 있다면 카메이도 무가 단연 우승할 것이다. 나는 당장 카메이도 무 씨앗을 구입했다. 그 지역에 예전부터 전해 오는 채소는 현지의 기후와 토질이 재배에 적합할 것이다. 풍작을 꿈꾸며 화분에 무 씨앗을 뿌렸다.

여러 종류의 무를 키워 봤다. 왼쪽은 뿌리가 굵은 품종이고, 가운데 두 개는 국이나 찌개에 사용하기 좋은 짧은 무, 오른쪽은 약간 가늘게 생긴 청수(青首) 무다. 하지만 이름처럼 파랗게 되진 않았다.

무 _유채과

튼튼하고 키우기 쉽다. 🌱🌱

수확량이 만족스럽다. 🌱

보는 즐거움이 있다. 🌱🌱

무는 지방색이 풍부하기 때문에 품종도 다양하다. 특히 그 지역에 대대로 전해 오는 품종이라면 기후가 알맞아 키우기 쉬울 것이다. 봄과 여름에 파종할 수 있지만 베란다 채소 정원에서는 봄에 공간을 확보하기 어려워 재배가 힘들므로 여름에 파종할 것을 권한다. 수확한 무는 잎도 조리해 먹을 수 있으므로 무를 통째로 맛볼 수 있다.

월	1	2	3	4	5	6	7	8	9	10	11	12
이식·수확									이식	수확		
그 밖의 작업								솎아 내기	첫 번째	두 번째 세 번째		
덧거름									1회씩			

덧거름 비료가 떨어지면 무가 굵어지지 않으므로 계속해서 덧거름을 주어야 한다. 두 번째와 세 번째 솎아 내기를 할 때와 세 번째 솎아 내기를 하고 나서 2~3주 뒤에 고형 비료를 1회씩 준다.

물 주기 건조해지지 않게 주의한다.

병충해 진딧물과 배추벌레, 잎굴파리가 생기기 쉽다. 발견했을 때는 재빠르게 대처할 것.

1. 품종 고르기

베란다 채소 정원에서 재배할 것이라면 작은 무를 추천한다.

우선 파종 시기에 맞는 품종을 고른다. 흔히 채소 가게에서 파는 무를 키울 것이 아니다. 베란다 채소 정원에서는 크기가 작은 품종을 골라야 키우기 쉽다. 작은 무는 실패할 확률도 없고, 한번에 먹을 수 있는 크기라서 좋다. 모양뿐만 아니라 수확에 얼마나 오랜 시간이 걸리는지, 병에 강한지도 확인해야 한다.

2. 재배 용기와 흙 준비

무가 다 자랐을 때의 크기를 고려하여 깊이가 30cm 이상의 재배 용기를 준비한다. 나무 상자나 포대로도 재배할 수 있다. 배양토는 밑거름이 들어 있고 입상이 고른 것을 고른다. 덩어리진 흙이나 거칠고 부패가 덜 된 퇴비가 뿌리에 닿으면 두 갈래로 갈라진 무가 나온다.

3. 파종

병이나 캔 바닥으로 흙 표면을 눌러 포기 간격을 고려해 씨앗 뿌릴 구멍을 만든다. 무는 잎이 방사형으로 넓게 퍼지기 때문에 포기 간격을 15cm 이상 주어야 한다. 직경 30cm의 화분이라면 두 포기를 심는 것이 적당하다. 구멍 한 개당 4~5알의 씨를 겹치지 않게 뿌리고 흙을 덮은(복토) 다음 물을 듬뿍 준다.

구멍의 깊이는 1cm 정도.
구멍의 수가 무의 포기 수가 된다.

포기 간격은 15cm 이상

흙이 들어 있던 자루나 흙 포대 등을 이용하면 길이가 긴 품종도 재배할 수 있다. 자루 위쪽을 말아서 깊이를 조절한다.

4. 솎아 내기

씨를 뿌리고 5일 정도 지나면 발아하기 시작한다. 본잎의 수가 1~2장일 때 첫 번째 솎아 내기를 하고, 3~4장이

슬슬 세 번째 솎아 내기를 해야 할 때가 된 사진

되었을 때쯤에 두 번째 솎아 내기를 한다. 세 번째 솎아 내기는 본잎이 5~6장 정도 되었을 때 한다. 떡잎 모양이 일그러졌거나 색깔이 좋지 않은 것, 쓰러진 것, 휘청거리는 것은 골라서 솎아 낸다. 솎아 낸 뒤에는 흙을 밑동 쪽으로 몰아서 모종을 단단하게 세우는 것이 중요하다. 솎아 낸 잎은 요리해서 먹으면 좋다.

〈첫 번째〉
무성하게 모여 있는 부분의 싹을 뽑는다.

〈두 번째〉
한 군데에 2대씩 남긴다.

〈세 번째〉
한 군데에 1대씩 세워 놓는다.

5. 수확

뿌리가 굵어지고 흙 위로 솟아오르면 서서히 수확할 때가 된 것이다. 수확 시기를 놓치면 무에 바람이 들므로 주의해야 한다. 금방 캐낸 무는 단맛이 강하지만 하루가 지나면 매운맛이 돌기 시작하므로 맛의 차이를 즐겨 보는 것도 재미있다. 싱싱한 잎도 요리하면 맛있다.

수확기가 가까워진 무. 뿌리가 위아래로 자라기 때문에 점점 흙 위로 솟아오른다.

순무·래디시 _유채과

튼튼하고 키우기 쉽다. 🌱🌱

수확량이 만족스럽다. 🌱🌱

보는 즐거움이 있다. 🌱🌱

화분 재배에 적합한 것은 직경이 5~6cm 정도 되는 작은 순무다. 벌레가 잘 생기지 않고 공간적으로도 여유가 있는 가을에 씨를 뿌려서 재배하면 된다. 여기서는 작은 순무를 재배하는 방법을 소개한다. 래디시도 거의 같은 방법으로 키울 수 있지만 순무보다 작기 때문에 포기 간격을 5cm 정도로 준다. 재배 기간도 1개월 정도 짧으므로 봄에 씨앗을 뿌려도 문제없이 재배할 수 있다.

예쁘게 자란 순무. 크기가 다소 고르지 못한 것은 애교. 금방 캔 순무는 싱싱하고 매우 달다.

월	1	2	3	4	5	6	7	8	9	10	11	12
이식·수확			이식*		수확				이식	수확		
그 밖의 작업			솎아 내기	첫 번째 / 두 번째 / 세 번째				솎아 내기	첫 번째 / 두 번째 / 세 번째			
덧거름			1회씩					1회씩				

※ 봄 파종은 래디시만 해당

덧거름 두 번째와 세 번째 솎아 내기를 할 때 고형 비료를 준다. 또는 두 번째 솎아 내기를 하고 나서 수확 때까지 1주일에 1회 정도 물 대신 액체 비료를 줘도 된다.

물 주기 지나치게 건조하거나 반대로 너무 습하면 뿌리가 갈라져서 터지고 모양이 변한다. 흙의 건조 상태를 잘 보면서 물을 준다.

병충해 진딧물이나 배추좀나방, 배추벌레가 잎에 붙어 있을 때가 있다. 잎도 맛있으므로 발견 즉시 제거해야 한다.

/. 파종

깊게 뿌리내리지 않으므로 낮은 플랜터나 화분에서도 충분히 재배할 수 있다. 사각 플랜터에 재배한다면 줄뿌리기를 하고, 원형 화분에 재배한다면 점파하는 것이 좋다. 재배 용기에 밑거름이 든 배양토를 넣고 흙을 잘 다져 놓는다. 줄뿌리기를 할 때는 골과 골 사이를 10cm 정도로 한다. 점파할 때는 중심과 중심 사이의 간격을 10cm로 하여 구멍을 만들고 한 곳에 4~5알의 씨를 뿌린 다음 흙을 덮고 물을 듬뿍 준다.

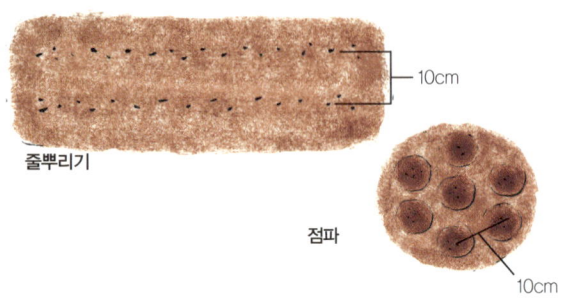
줄뿌리기 — 10cm

점파 — 10cm

2. 솎아 내기(1)

5일 정도 지나면 발아된다. 본잎의 수가 1~2장일 때 첫 번째 솎아 내기, 3~4장일 때 두 번째 솎아 내기를 한다. 두 번째 솎아 내기는 줄뿌리기일 경우 포기 간격을 3cm 정도로 주고, 점파일 경우에는 한 곳당 2대씩 세워 놓는다. 두 번째 솎아 내기를 한 뒤에는 포기 사이에 덧거름을 주고 흙을 밑동 쪽으로 몰아 준다. 순무는 재배 초기가 매우 중요하다.

솎아 내기를 끝낸 뒤 구멍마다 1대씩 세워 둔 순무. 점점 기온이 내려간 탓에 버팀목을 세우고 구멍을 뚫은 비닐을 덮어서 야간에는 보온을 해 주었다.

여기는 확실히!

〈첫 번째〉

줄뿌리기나 점파 모두 무성하게 모여 있는 부분의 싹을 뽑는다.

〈두 번째〉

줄뿌리기
3cm 간격으로

점파
한 군데에 2대씩 세워 놓기

3. 솎아 내기(2)

본잎이 5~6장이 되면 줄뿌리기일 경우 포기 간격을 10cm로 하고, 점파일 경우에는 한 곳에 한 포기씩 세운다. 솎아 낸 뒤에는 흙을 몰아 주고 덧거름을 준다.

〈세 번째〉

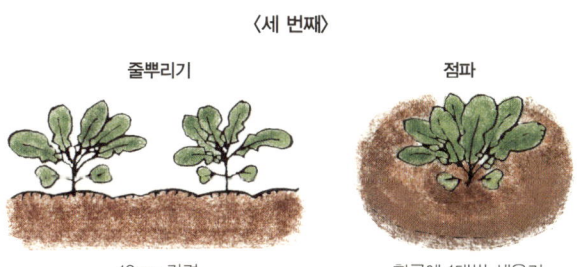

줄뿌리기
10cm 간격

점파
한곳에 1대씩 세우기

4. 수확

뿌리가 둥글게 굵어져서 흙 위로 솟아오르면 서서히 수확한다. 수확 시기가 늦어지면 뿌리에 바람이 들므로 주의해야 한다.

래디시의 모양이 좋지 않은 이유

'20일무' 라고도 부르는 래디시는 그 이름처럼 무의 한 종류다. 포기 사이가 좁으면 뿌리가 충분히 자랄 공간이 없기 때문에 모양이 일그러진다. 이것은 솎아 내기를 제대로 하지 않았기 때문이다. 또 한여름에 재배하면 뿌리의 굵기가 나빠지는데, 이는 기온이 지나치게 높아 생육이 잘 안 되기 때문이다. 언제 어디서나 키우기 쉬운 래디시도 파종 시기를 놓쳐서는 안 된다.

래디시는 빨간색 외에도 흰색과 분홍색이 있다. 무를 축소해 놓은 듯 길고 가는 것도 있지만 역시 빨갛고 둥글둥글한 것이 좋다.

소송채·경수채
_유채과

튼튼하고 키우기 쉽다. 🌱🌱🌱

수확량이 만족스럽다. 🌱🌱🌱

보는 즐거움이 있다. 🌱🌱

소송채와 경수채는 봄도 좋지만 기왕이면 벌레가 잘 생기지 않고 손쉽게 키울 수 있는 가을에 씨앗을 뿌려 키우는 것이 좋다. 가을에 파종한 것이 부드러우면서 맛도 좋다. 소송채는 재배하기 쉽고 영양가가 높은 데다 데치지 않고도 조리할 수 있어 채소의 보배라 할 수 있다. 경수채는 샐러드 채소로 인기가 많다. 포기가 작은 것은 샐러드에 쓰고, 포기가 큰 것은 조림이나 국거리로 다양하게 이용된다.

볶거나 조려도 좋고 데쳐도 맛있다. 여러 가지 요리에 이용되는 소송채는 우리 집에 빠질 수 없는 채소다.

월	1	2	3	4	5	6	7	8	9	10	11	12
이식·수확									이식		수확	
그 밖의 작업						솎아 내기를 겸한 수확			첫 번째		두 번째	
덧거름										액체 비료 주 1회		

덧거름 첫 번째 솎아 내기가 끝나면 수확이 끝날 때까지 물 대신 액체 비료를 일주일에 1회 정도 준다.

물 주기 잎채소류는 물이 마르면 잎이 상하므로 건조해지지 않도록 주의해야 한다.

병충해 배추좀나방 유충과 배추벌레가 생기기 쉬우므로 부직포 등으로 포기를 덮어 준다.

1. 파종

원형 화분이나 사각 플랜터에 밑거름이 든 배양토를 넣는다. 원형 화분을 사용한다면 흩어뿌리기를 하고, 플랜터라면 줄뿌리기를 하여 가볍게 흙을 덮는다(복토). 씨앗이 작으므로 겹치지 않게 주의하여 뿌린 다음 씨앗이 떠내려가지 않도록 살짝 물을 준다.

2. 새싹 채소 수확

씨를 뿌리고 3~4일이 지나면 발아하기 시작한다. 본 잎이 1~2장 나오면 첫 번째 솎아 내기를 겸하여 새싹을 수확한다. 떡잎 모양이 일그러졌거나 힘 없이 휘청거리는 것은 뽑아낸다. 옆에 있는 잎과 닿지 않을 정도(2~3cm 간격)로 뽑는다. 솎아 낸 뒤에는 포기가 흔들리지 않도록 줄기 밑동 쪽에 흙을 몰아 준다.

경수채는 아삭아삭한 줄기가 맛있다. 이 정도 크기라면 줄기가 너무 뻣뻣하지도 않고 가장 맛있을 때다.

서리를 맞거나 바람이 불면 잎이 상하므로 씨를 뿌린 직후에는 부직포 등을 이용하여 추위를 막아 준다. 이렇게 하면 벌레도 막을 수 있다.

Hint & Tips

베란다 채소 정원에서는 솎아 낸 새싹을 맛볼 수 있다

씨앗을 뿌려 놓고 관리하면서 다 자랄 때까지 가만히 기다리는 것은 지루하다. 하지만 수확은 한 번만 하는 것이 아니다. 솎아 내기도 수확 가운데 하나다. 소송채나 경수채 같은 잎채소는 단계적으로 솎아 내기를 하므로 여러 번 수확이 가능하다. 샐러드에 이용해도 좋고, 조림이나 찌개에 장식으로도 쓸 수 있다. 가까이에서 돌볼 수 있는 베란다 채소 정원의 특성상 솎아 낸 새싹 채소를 몇 번이나 맛볼 수 있다.

소송채와 경수채 외에 시금치나 로켓, 쑥갓을 솎아 낸 어린 잎도 함께 수확했다. 이 정도면 새싹 채소 샐러드를 충분히 맛볼 수 있다.

발아한 지 얼마 되지 않은 소송채.

3. 어린 잎채소 수확

키가 6~7cm가 될 때쯤이면 화분이 다시 잎들로 무성해지므로 두 번째 솎아 내기를 겸하여 수확을 한다. 포기 간격을 균등하게 하여 뿌리 쪽부터 뽑아 전체의 절반 정도로 줄인다. 밑동에 흙을 몰아 주는 것도 잊지 말 것.

이 정도일 때 두 번째 수확을 한다. 사진은 소송채.

4. 수확

포기가 20cm 정도 되면 수확을 시작한다. 빨리 수확해야 잎이 부드럽고 맛있다.

소송채   경수채

씨를 뿌린 지 약 30일이 지난 경수채. 마지막 수확 때까지는 아직 조금 더 있어야 한다.

재료가 살아 있는 간단 요리

모시조개 경수채 수프

모시조개의 담백함과 경수채의 아삭아삭함이 조화된 간단한 수프를 만들어 보자. 눈 깜짝할 사이에 만들 수 있다.

● 만드는 법

냄비를 불에 올리고 모시조개와 얇게 썬 마늘, 술을 넣고 뚜껑을 덮어 가열한다. 조개가 벌어지면 후추를 뿌리고 중화 수프 가루를 뜨거운 물에 풀어 넣는다. 끓어오르기 시작하면 불을 끈다. 여기에 경수채를 넣으면 완성.

● 그 밖의 요리법

경수채의 아삭아삭함을 샐러드로 즐겨도 좋다. 맛이 담백하므로 드레싱은 맛이 진한 간장 소스로 하면 맛있다. 조림을 할 경우에는 간을 약하게 해서 살짝 익힌다. 너무 오래 익히면 색이 변하므로 주의할 것.

'절임 채소'는 현지 채소가 인기가 높다

유채과에 속하는 채소가 가장 많이 재배될 것이다. 절임 채소는 유채과 채소 가운데 결구(잎이 겹쳐서 둥글게 속이 드는 것=알들이)하지 않는 잎채소를 말한다. 주로 절임이나 나물 무침으로 먹어 왔다.

겨울 채소를 대표하는 소송채는 도쿄의 코마츠가와(小松川) 부근에서 생겨난 절임 채소의 한 종류다. 절임 채소는 경수채·갓·산동채·노자와나·임생채·시로나·다채·히로시마배추 등 종류가 다양하고, 이름에 지명이 붙은 것도 많다. 말하자면 그 지역을 대표하는 채소로, 전국 각지에 무수히 많다.

최근에는 어릴 적 고향에서 먹던 채소 씨앗을 주문하여 재배하는 사람이 늘고 있다고 한다. 기후와 토양이 달라서 재배하기 힘든 경우도 있지만 절임 채소라면 그다지 어렵지 않을 것이다. 슈퍼마켓에서 구입하기 어려운 채소를 직접 재배해 보면 베란다 채소 정원을 가꾸는 기쁨이 더욱 커질 것이다.

갓

노자와나

시로나

다채

히로시마배추

미니 청경채
깊게 뿌리내리기 때문에 매우 튼튼하고 키우기도 쉽다. 통째로 요리할 수 있어 편리하다.

임생채
경수채와 버금가는 교토의 대표적인 채소. '임생채 절임'은 교토의 특산품으로, 향이 약간 강한 것이 흠이다.

희귀한 채소 씨앗 구하기

전통 채소 씨앗을 취급하는 전문 종묘 회사나 인터넷을 통해 희귀한 채소 씨앗을 구입힐 수 있다. 하지만 고향의 작은 종묘 가게에서만 취급하는 현지 특산품인 경우에는 고향 친구에게 부탁해서 구하는 편이 더 빠르다. 외국의 색다른 채소 씨앗과 자재를 취급하는 원예 사이트도 찾아볼 만하다.

산동채
도쿄와 사이타마 지역을 대표하는 절임 채소다. 엷은 녹색의 연한 잎은 부드럽고 배추와 비슷하게 생겼다.

시금치 _명아주과

튼튼하고 키우기 쉽다. 🌱🌱

수확량이 만족스럽다. 🌱🌱🌱

보는 즐거움이 있다. 🌱🌱

시금치는 날씨가 추워지면 단맛이 강해져 더 맛있어진다. 게다가 주방 바로 옆에 있는 채소 정원에서 금방 수확한 것이라면 더할 나위 없이 맛있을 것이다. 하지만 기온이 너무 낮아져 서리를 맞으면 잎의 조직이 얼어서 상할 수 있다. 이때는 부직포 등을 덮어 시금치를 보호해야 한다. 참고로 시금치는 잎 모양이 들쑥날쑥한 동양계와 둥글게 생긴 서양계가 있다.

겨울 채소에서 빠질 수 없는 시금치. 잎 모양이 들쑥날쑥하고 끝이 뾰족한 것은 동양계다. 뿌리도 빨갛다.

월	1	2	3	4	5	6	7	8	9	10	11	12
이식·수확									파종		수확	
그 밖의 작업						솎아 내기를 겸한 수확			첫 번째 / 두 번째			
덧거름										액체 비료 주 1회		

덧거름 첫 번째 솎아 내기가 끝나면 수확이 끝날 때까지 일주일에 1회씩 물 대신 액체 비료를 준다.

물 주기 습기가 많은 것을 싫어하므로 물을 너무 많이 주지 말 것.

병충해 기온이 낮은 계절에도 진딧물이 생긴다. 화분에 부직포 등을 덮어 주면 해충을 제거하는 데 도움이 된다.

1. 파종

시금치는 추위에 강하고 더위에 약하므로 조기 파종은 금물이다. 파종 시기를 확실히 지킬 것. 가을 파종에 적합한 품종의 씨앗을 준비하는 것도 중요하다. 또한 시금치는 산성 토양과 맞지 않으므로 밭에서 기를 때는 석회를 넣어 흙을 개량한다. 하지만 화분에 재배할 때는 산도 조정을 끝마친 배양토를 구입하여 그대로 이용하면 된다. 원형 화분이나 사각 플랜터를 준비하여 씨앗이 겹치지 않도록 조심해서 뿌린다. 원형 화분이라면 흩어뿌리기를 하고, 플랜터라면 줄뿌리기를 한 뒤 가볍게 흙을 덮고 살짝 물을 준다.

2. 새싹 채소 수확

씨를 뿌린 지 4~5일 정도 지나면 발아하기 시작한다. 본잎이 1~2장 나오면 무성한 부분의 싹을 수확할 겸 뽑아낸다. 옆의 잎과 닿지 않을 정도로 솎아 내고, 흙을 줄기 밑동 쪽에 몰아서 포기를 튼튼하게 세워 둔다. 솎아 내기를 한 뒤에는 덧거름을 준다. 새싹 채소는 생으로 먹어도 맛있다.

화분을 부직포 등으로 덮어서 추위를 막아 준다. 이것은 진딧물을 없애 주는 역할도 한다.

3. 어린 잎채소 수확

본잎의 수가 3~4장이 되면 다시 화분이 무성해지므로 수확을 겸하여 두 번째 솎아 내기를 한다. 포기 간격을 3cm 정도로 하여 솎아 내고, 포기 밑동에 흙을 몰아 놓는다.

이 정도가 되면 어린 잎채소로 수확한다. 생으로 먹어도 맛있지만 가열할 경우에는 너무 오래 데치지 말 것

4. 수확

포기가 15cm 정도 되면 수확하기 시작한다. 날씨가 추워지면 시금치는 더 맛있어진다.

Hint & Tips

잎채소류는 파종 시기를 맞추자

동시에 뿌린 소송채나 경수채 · 쑥갓 · 시금치 · 로켓 등의 씨앗은 발아하고 솎아 내는 시기도 거의 비슷하다. 솎아 내기를 동시에 할 수 있을 뿐만 아니라 솎아 낸 잎의 양도 많고, 여러 가지 맛이 혼합되어 한층 맛있는 요리를 즐길 수 있다.

이 쑥갓은 톱니처럼 모양이 들쑥날쑥하고 잎이 연하다. 잎이 크고 도톰한 것도 있고, 포기가 큰 품종도 있다. 품종은 각자의 기호에 맞게 선택하면 된다.

쑥갓 _국화과

튼튼하고 키우기 쉽다.

수확량이 만족스럽다.

보는 즐거움이 있다.

겨울에 끓여 먹는 찌개 요리에 빠질 수 없는 향채소 쑥갓. 조금씩 오랫동안 수확이 가능하므로 덧거름이 재배 포인트다. 물 대신 주 1회 정도 액체 비료를 주는 것이 효과적이다. 쑥갓은 기온이 낮아지면 잎 끝이 상해 검게 변한다. 하지만 기온이 너무 높고 습해도 잎이 상하므로 비닐을 이용하여 보온할 경우에는 통기성이 좋아야 한다.

월	1	2	3	4	5	6	7	8	9	10	11	12
이식·수확									파종		수확	
그 밖의 작업					솎아 내기를 겸한 수확					첫 번째 두 번째		
덧거름										액체 비료 주 1회		

덧거름 첫 번째 솎아 내기를 한 뒤에는 수확이 끝날 때까지 물 대신 주 1회 정도 액체 비료를 준다.

물 주기 건조하면 잎 끝이 상하지만 너무 습해도 좋지 않으므로 물 주기에 신경 써야 한다.

병충해 기온이 낮은 계절에도 진딧물이 생긴다. 부직포로 화분을 덮어 주면 벌레가 생기는 것을 방지할 수 있다.

1. 파종

원형 화분이나 사각 플랜터에 밑거름이 든 배양토를 넣는다. 원형 화분이라면 흩어뿌리기를 하고, 플랜터라면 줄뿌리기를 한다. 씨앗이 작으므로 겹치지 않게 주의할 것. 쑥갓 씨앗은 빛을 좋아하므로 흙을 얇게 덮고 씨가 떠내려가지 않게 물을 살짝 뿌려 준다.

여기는 확실히!

줄뿌리기

흩어뿌리기

부직포 등을 덮어 건조해지는 것을 막고 추위를 막아 주면 생육이 잘 된다. 포기에 부직포가 직접 닿지 않도록 버팀목을 잘 세우자.

2. 새싹 채소 수확

씨앗을 뿌린 지 3~4일 정도 지나면 발아하기 시작한다. 쑥갓은 가능하면 빨리 솎아 내야 한다. 본잎이 1~2장 나오면 무성한 부분의 싹을 수확할 겸 솎아 낸다. 이때는 옆의 잎과 닿지 않을 정도(2~3cm 간격)로 한다. 흙을 밑동 쪽에 몰아 주고, 이때부터 덧거름을 주기 시작한다.

슬슬 첫 번째 솎아 내기를 할 때가 되었다. 이렇게 작은데도 본잎은 제법 들쑥날쑥하다.

3. 어린 잎채소 수확

두 번째 솎아 내기는 본잎이 4~5장 정도 되었을 때 한다. 다시 무성해지기 시작하므로 간격을 일정하게 유지하면서 전체의 절반 정도를 솎아 낸다. 솎아 낸 잎채소는 반드시 생으로 맛을 봐서 쑥갓의 좋은 향을 느껴 볼 것. 이렇게 포기 간격을 넓히면서 하나하나 솎아 낸 것을 먹는다. 솎아 내기가 끝났을 때의 포기 간격은 7~8cm 정도가 적절하다.

이것으로 아시!

먼저 줄기 끝을 수확한다.　　곁줄기와 잎도 수확한다.

'줄기 쑥갓'은 어떨까?

'줄기 쑥갓'은 기존 쑥갓에 비해 향은 약하지만 긴 줄기도 맛있게 먹을 수 있다는 것이 특징이다. 줄기가 길게 자라서 쓰러지기 쉬우므로 조금씩 겹치듯이 씨앗을 뿌리고 솎아 내기를 한 뒤 포기 간격도 좁게 주는 것이 재배 요령이다.

식욕이 떨어져서 입맛을 돋우기 위해 잎이 무성해지기 전에 수확해 버렸다.

4. 수확

향이 강한 쑥갓은 한꺼번에 많은 양을 사용하지 않으므로 조금씩 수확할 것을 권한다. 20cm 정도 되었을 때 수확하면 된다. 우선은 줄기 끝을 따고 나중에 곁줄기와 잎을 따면 된다. 이른 수확을 하여 잎이 연할 때 먹으면 좋다. 수확 중에도 덧거름을 주는 것을 잊지 말자.

완두 _콩과

튼튼하고 키우기 쉽다. 🌱🌱

수확량이 만족스럽다. 🌱🌱🌱

보는 즐거움이 있다. 🌱🌱🌱

가을에 심어서 겨울을 넘기고 봄부터 수확하기 시작한다. 상당히 오랫동안 공간을 차지하지만 다행히 수확량이 많아서 만족할 만하다. 완두는 덜 여문 것을 꼬투리째 먹는 청대 완두와 그린피스, 스냅 완두 세 종류가 있다. 모종이나 씨앗을 살 때는 어떤 종류인지를 확인하고 사야 한다. 그중에서도 인기가 많은 것은 꼬투리째 먹는 스냅 완두로, 꼬투리가 두껍고 맛이 매우 달다.

열매에는 큰 차이가 없어도 꽃 색깔은 품종에 따라 다르다. 하얀색이 일반적이지만 이것은 보기 드문 붉은 꽃이었다.

월	1	2	3	4	5	6	7	8	9	10	11	12
이식·수확				수확							이식	
그 밖의 작업										버팀목 세우기		
덧거름			꽃이 피기 시작하면 3주에 1회									

덧거름 3월이 되면 쑥쑥 자란다. 꽃이 피기 시작하면 3주에 1회 정도 고형 비료를 준다. 단, 비료가 많아지면 잎만 무성해지고 열매는 잘 열리지 않으므로 상태를 지켜보면서 줄 것.

물 주기 봄이 올 때까지는 별로 성장하지 않으므로 그 동안에는 물을 적게 준다. 봄 이후에도 약간 건조하게 관리할 것.

병충해 그림그리기 벌레라는 별명을 갖고 있는 잎굴파리나 아메리카 잎굴파리 유충이 잎을 갉아먹는다. 수확에는 거의 영향을 미치지 않지만 발견되면 잎 위에서 눌러 죽인다.

/. 모종 준비

여기는 확실히!

가능하면 작은 모종을 고른다.

모종은 11월에 들어서면 구입한다. 어린 모종으로 겨울을 넘기는 완두는 너무 크면 추위에 잘 견딜 수 없으므로 가능하면 작은 모종을 고르는 것이 중요하다. 6~7cm 정도 되는 것이 가장 좋다.

2. 이식하기와 버팀목 세우기

큰 화분이나 사각 플랜터에 밑거름이 든 배양토를 넣고 모종을 이식하여 심는다. 포기 간격은 15cm 정도로 하고, 30cm의 화분이라면 2대를 심는 것이 적당하다. 동시에 버팀목도 세워 준다. 바람에 덩굴이 꺾이기 쉬우므로 바람이 강하지 않은 곳에 놓거나 버팀목 아래쪽을 부직포로 감싸 바람을 막아 주면 좋다.

예상치 못한 봄눈에 완두도 쩔쩔 매는 듯했다. 그래도 겨울을 넘긴 채소는 강했다. 잎 하나 상하지 않고 무사히 수확할 수 있었다.

이것으로
이식!

씨앗이 보이거나 모종이 흔들리는 것 같으면 줄기 밑동 부분에 흙을 보충해 준다.

시중에서 파는 포트 묘에는 일반적으로 2~3대의 모종이 심어져 있는데, 이것을 솎아 내지 않고 그대로 다 심어도 상관없다.

덩굴이 자라면 처음에만 덩굴 끝을 버팀목으로 유인해서 고정한다. 나중에는 덩굴손이 저절로 버팀목을 타고 자란다.

씨앗으로 재배하기

완두는 씨앗으로도 쉽게 재배할 수 있다. 어린 모종 상태로 겨울을 넘길 수 있도록 적절한 파종 시기(10월 중순~11월 초순)를 지키고, 조기 파종을 하지 않아야 한다. 큰 화분이나 사각 플랜터를 준비하여 한 군데에 3~4알 정도씩 깊게 점파하고 흙을 잘 덮으면 된다. 점파 간격은 15cm 정도가 적당하며, 발아한 싹은 솎아 내지 않고 그대로 키워도 좋다.

3. 수확

스냅 완두   청대 완두

꼬투리가 굵어지면 드디어 수확할 때가 된 것이다. 스냅 완두는 꼬투리가 통통해지면 수확하고, 청대 완두는 콩알이 굵어지기 전에 수확한다. 이처럼 종류에 따라 수확 시기가 다르므로 시기를 놓치지 말 것.

깜빡하고 그물망 치는 것을 잊었더니 새가 날아와서 쪼아 버렸다. 그것도 가장 맛있게 익어 색이 진한 것을…… 아까웠다.

딸기 _장미과

튼튼하고 키우기 쉽다. 🌱🌱

수확량이 만족스럽다. 🌱🌱🌱

보는 즐거움이 있다. 🌱🌱🌱

이른봄이 제철이라는 이미지가 강한 딸기지만 베란다에서 겨울을 지낸 딸기가 눈을 뜨려면 3월이 지나야 한다. 꽃이 피고 열매가 부풀어 빨간색을 띠는 것은 4월 말부터다. 금방 딴 딸기는 미지근하면서 속은 부드럽고 달다. 수확을 거듭하다 보면 모양은 점점 찌그러져도 향기만큼은 1등급이다.

월	1	2	3	4	5	6	7	8	9	10	11	12
이식·수확					수확					이식		
그 밖의 작업					런너(달림 덩굴)로 모종 만들기							
덧거름				액체 비료 주 1회		1회				이식하고 2주 후에 1회		

덧거름 이식한 지 2주 정도 지나 포기가 자리를 잡으면 고형 비료를 1회 준다. 비료가 너무 강하면 뿌리가 쉽게 상하므로 봄에 생육이 시작되었을 때는 물 대신 주 1회 액체 비료를 준다. 그리고 6월 하순에 고형 비료를 1회 준다.

물 주기 건조한 환경에 약하므로 적당한 습기를 유지한다. 포기 밑동을 볏짚 등으로 덮어 주면 좋다.

병충해 통풍이 잘 안 되면 흰가루병과 잿빛 곰팡이병이 발생하기 쉽다. 수확이 끝난 뒤부터 가을까지는 흙속에서 뿌리를 갉아먹는 풍뎅이 유충이 발생하기 쉽다.

/ 이식

10월경에 튼튼한 모종을 골라 플랜터나 화분에 심는다. 딸기는 잎이 넓게 자라고 런너가 자라기 때문에 포기 간격을 15cm 정도 주어야 한다. 줄기 밑동 쪽을 야자섬유나 볏짚 등으로 덮어 주면 보온·보습 효과가 좋고, 열매가 지면에 닿아서 썩는 것도 막아 준다.

※ 1월~3월에 나온 열매가 열린 모종을 구입했을 때는 열매를 다 수확하고 나서 큰 화분에 옮겨 심자.

포기 중심 싹

여기는 확실히!

밑거름이 든 배양토

바닥돌

포기 중심에 있는 싹이 흙에 묻히지 않도록 얕게 심는다.

2. 손질

형태가 좋지 않거나 상처 난 것은 빨리 따 줄 것. 마른 잎도 부지런히 제거하여 뿌리 밑동을 깨끗하게 해 놓는다. 딸기가 빨갛게 변하기 시작하면 새가 날아와 쪼아먹지 않도록 그물망을 덮어 준다.

3. 수확

전체적으로 빨갛게 물들기 시작하면 수확한다. 2개월 가까이 수확할 수 있다.

토끼 귀처럼 생긴 이런 모양의 딸기도 수확했다. 베란다 채소 정원에서만 얻을 수 있는 귀중한 선물이다.

4. 런너(달림 덩굴)로 모종 만들기

수확이 끝난 딸기에서는 런너가 자라 그 끝에 아들포기가 생긴다. 이것을 육묘용 포트에 받아서 충분히 뿌리내리게 한 다음 런너를 잘라서 분리하면 새로운 모종을 만들 수 있다.

런너

어미포기   아들포기

작년에 수확한 어미포기는 어떻게 해야 할까?

열매가 열렸던 딸기의 어미포기는 다음 해에도 열매가 열리기는 하지만 수확량은 떨어진다. 딸기 생산 농가에서는 매년 오래된 어미포기를 모두 뽑아 버리고 새로운 모종으로 바꿔 심는다. 안정된 수확량을 확보해야 하는 농가에서 병충해의 피해를 막기 위한 작업이다. 가정용 채소 정원에서는 오래된 어미포기를 그대로 심어 놓아도 상관없다. 아들포기가 많다면 새로운 줄기로 모두 바꿔도 좋다.

봄과 가을에 시작하는 채소

양상추의 가능성

양상추는 손쉽게 재배할 수 있는 채소 가운데 하나로, 베란다 채소 정원의 기본이다. 특히 맛이 다양해서 더욱 맛있는 양상추 새싹 샐러드는 우리 부부의 마음을 사로잡는다. 크기가 작아서 벗기거나 잘게 찢을 필요도 없고 맛이 부드럽고 영양가도 높은, 온통 좋은 점만 갖고 있는 채소다.

영국 원예 잡지에서 〈양상추 시험 재배〉라는 특집 기사를 읽은 적이 있다. 선명한 녹색 품종에서 회색빛이 도는 것, 하늘거리는 잎의 연한 갈색 품종, 붉은 반점이 있는 것, 반질반질 윤이 나는 붉은색 품종까지 다양한 종류의 양상추 사진이 실려 있었다. 사진을 보다 그 아름다운 모습에 그만 빠져들고 말았다. 수확하기가 아까울 정도지만 그 맛은 꼭 한번 느껴 보고 싶었다.

기사에 따르면, 영국에서는 팩에 들어 있는 샐러드용 양상추의 판매가 좋아서 지금은 업계에서 가장 두각을 나타낼 만큼 성장하고 있다고 했다. 영국 요리는 맛보다 장식을 중요시하는 터라 대형 슈퍼마켓의 구매 담당자는 색과 모양이 특이한 양상추를 찾기 위해 분주하다고 한다. 덕분에 주목받고 있는 것이 화려한 색깔의 양상추다. 색이 진한 것은 대부분 쓴맛이 강해서 적은 양으로도 맛과 색이 한층 달라진다.

하지만 무엇보다 놀라운 것은 '아름다운 양상추를 화단에 심어서 다른 식물과 조화된 모습을 즐겨 보자'는 제안이었다. 화려한 색의 잎들이 만들어 내는 우아한 분위기는 생각만 해도 설렌다. 역시나 원예 왕국의 정원 세계는 깊이가 다르다. 그러나 꽃을 심을 공간이 있다면 채소 한 종류라도 더 심고 싶은 것이 베란다 채소 정원을 가꾸는 사람의 마음. 그런 이유로, 나는 단지 맛있게 먹기 위해서 오늘도 부드럽고 연한 양상추 씨앗을 찾고 있다.

불고기를 싸서 먹는 상추로, 이것도 양상추에 속한다. 상추 잎을 따다 보면 긴 줄기 대가 보인다.

양상추류 _국화과

튼튼하고 키우기 쉽다.

수확량이 만족스럽다.

보는 즐거움이 있다.

잎상추 · 샐러드채소 · 상추는 모두 국화과로 양상추류에 속한다. 약간 쓴맛이 있는 것이 특징이며, 시기만 잘 맞춰 심으면 재배하기에 별로 어렵지 않다. 연한 잎을 수확하기 위해서는 절대로 건조하지 않고 직사광선에 너무 많이 노출되지 않게 한다. 잎을 한 장 한 장 따면서 오랫동안 수확할 수 있으므로 덧거름을 부지런히 주어야 한다. 덧거름은 액체 비료를 사용할 것.

/. 모종 준비

잎상추 · 샐러드채 · 상추 등의 모종은 일반 원예점에서도 쉽게 구할 수 있으므로 재배하기 쉽다.

월	1	2	3	4	5	6	7	8	9	10	11	12
이식 · 수확				이식			수확		이식			수확
그 밖의 작업												
덧거름				액체 비료 주 1회					액체 비료 주 1회			

덧거름 이식한 지 1주일 정도 지나 모종이 뿌리를 내리면 덧거름을 주기 시작한다. 물 대신 주 1회 정도 액체 비료를 주면 좋다.

물 주기 건조하면 잎 끝이 상하므로 부지런히 물을 준다. 단, 지나치게 습해져도 안 된다.

병충해 진딧물이 생기기 쉬우므로 특히 봄에 심은 것은 주의해야 한다. 부직포로 화분 전체를 덮어서 해충을 방지한다.

○   ×

여기는 확실히!

줄기가 자란 것처럼 보이는 엉성한 모종은 구입하지 말 것. 이식하자마자 바로 꽃대가 생겨 제대로 수확하지 못할 수 있다. 시기를 놓친 모종에 주의하면서 모종을 고른다.

2. 이식

화분이나 사각 플랜터에 밑거름이 든 배양토를 넣고 모종을 얕게 심는다. 줄기가 약간 흔들려도 괜찮다. 포기 간격은 15cm 정도가 적당하며, 모종을 심은 뒤에 부직포를 덮어 주면 해충을 방지할 수 있다.

써니 양상추라고 불리는 붉은색 잎상추. 햇빛을 충분히 받기 때문에 결구(結球) 상추보다 영양가가 높다고 한다.

모종을 구입한 것은 9월 초. 아직 더울 때라서 약간 시들해 보이지만 이식하면 바로 생생해진다.

결구 상추보다 잎상추

양상추라고 하면 둥글게 생긴 '결구 상추'를 떠올리는 사람이 많을 것이다. 하지만 '써니 양상추'처럼 속이 둥글게 들지 않는 것이 베란다 채소 정원에서 재배하기에는 더 적합하다. 바깥쪽 잎을 한 장씩 필요한 만큼 수확할 수 있고, 오랫동안 재미를 볼 수 있는 것은 베란다 채소 정원이기에 가능하다. 잎상추의 종류는 그 밖에 샐러드채와 상추 등이 있고, 여기에 적갈색 상추나 축면 상추(오그라기 상추) 등 다양한 종류가 있다. 양상추는 아니지만 같은 국화과의 치커리도 같은 방법으로 재배할 수 있다.

샐러드채

치커리

3. 수확

바깥쪽 잎부터 하나하나 따면서 수확한다. 필요한 만큼 수확할 수 있으므로 버리는 것 없이 재배하기 좋다.

새싹 샐러드 믹스 즐기기

여러 종류의 잎상추 씨앗에 로켓이나 경수채, 겨자 등 샐러드용 잎채소류의 씨앗을 섞어서 뿌리는 것만으로 간단하게 여러 가지 새싹 채소를 재배할 수 있다. 미리 여러 가지 씨앗을 혼합해서 파는 것도 있다.

파종에 적절한 시기는 3~5월과 9~10월이다. 크게 키울 필요가 없으므로 부직포를 이용한 방한 준비는 11월에 해도 늦지 않을 것이다. 화분이나 사각 플랜터에 조금 많은 양의 씨앗을 흩어 뿌린 다음 싹이 트면 씨앗이 한쪽으로 몰리지 않게 주의하면서 몇 차례 솎아 낸다. 6~7cm 정도 되면 뿌리 밑동에서부터 1~2cm 정도 남기고 가위로 잘라 수확한다. 그러면 몇 주 뒤에 다시 수확할 수 있다. 이러한 재배 방법을 '컷 앤 컴 어게인(Cut & Come Again)'이라고 한다. 1주일에 1회 정도는 물 대신 액체 비료를 준다.

새싹 샐러드 믹스는, 색깔·모양의 변화가 있는 것이 좋다. 철제 양동이를 사용해 색깔이 예쁜 팻말을 세워 두었다.

여러 가지 채소 저장법

수확을 하면 한꺼번에 많은 양이 쏟아져 나온다. 금방 수확한 것이 맛있다는 것은 알지만 가족끼리 다 먹기에는 양이 너무 많을 수 있다. 그럴 때는 아래의 방법을 이용하여 저장해 놓고 계절이 바뀌어도 언제든 제철의 맛을 느껴 보자.

1. 익히기

수확된 토마토가 너무 많을 때는 소스로 만들어 두면 오랫동안 저장할 수 있다.

● 만드는 법(기본 토마토 소스 만들기)
① 토마토는 끓는 물에 잠깐 담갔다가 찬물에 넣어 껍질을 벗긴다.
② 올리브유를 둘러 마늘을 볶다가 큼직큼직하게 썰어 놓은 토마토를 넣고 20~30분 정도 푹 끓여 소금과 후추로 맛을 낸다. 소스가 식으면 지퍼백에 넣어서 공기를 뺀 다음 냉동실에 보관한다. 3개월 정도 보관할 수 있다.

2. 절임

식초에 담가 만드는 피클과 오일에 담가 만드는 오일 절임이 있다. 피클을 만들기에 알맞은 채소는 오이·래디시·덜 익은 파란 토마토·미니 당근·무·순무·콜리플라워 등이다. 허브를 와인 비니거에 담가서 맛과 향이 스며들게 하는 방법도 있다. 바질 오일을 만들어 놓으면 편리하게 사용할 수 있다. 오일 절임에 적합한 채소로는 고추가 있으며, 가지나 파프리카, 쥬키니 호박은 불에 달구어 오일에 담그면 된다.

● 만드는 법(기본 피클 만들기)
① 화이트 와인 비네거나 식초에 물, 설탕, 소금, 향신료(통후추나 정향, 월계수 잎 등)를 넣고 한번 끓여 낸다.
② 적당한 크기로 썰어 놓은 채소를 뜨거운 물로 소독한 병에 담고 ①을 식혀서 따른다. 살짝 데치거나 소금에 절이는 등 사전 작업이 필요한 채소도 있으므로 자세한 사항은 요리책을 참고할 것.

3. 말리기

말린 채소라고 하면 가장 먼저 무가 떠오를 것이다. 절임용은 크게 썰어서 사용하지만 건조용은 잘게 썰어서 햇빛에 말려 이용한다. 날씨가 좋을 때 큰 소쿠리에 펴서 말리면 여름에는 반나절에서 하루 정도면 완성된다. 겨울철에도 2~3일 정도면 말릴 수 있다.

가지와 당근, 무청, 소송채 말린 것은 된장국에 넣거나 삶아서 요리해 먹으면 좋다. 바싹 말린 것은 저장하기에 좋다. 특히 수분이 남아 있으면 바로 곰팡이가 생기므로 주의할 것. 덜 마른 것은 바로 삶거나 볶음 요리에 이용하면 굉장히 맛있다. 수분이 날아가서 그만큼 맛이 농축되어 있기 때문이다. 맛이 잘 스며들고 조리 시간도 크게 단축할 수 있다.

Hint & Tips

식기 건조망에 채소 말리기

일반적으로 채소를 말릴 때는 소쿠리를 사용하는데, 아무래도 파리 같은 벌레가 신경 쓰인다. 또 바람 때문에 채소가 흩어지는 것도 문제다. 그래서 생각해 낸 것이 캠프용 식기 건조망. 식기를 망 속에 넣고 매달아서 건조시키므로 가볍고 보기에도 좋다. 지퍼가 있어서 벌레도 완벽하게 차단할 수 있다.

로켓 _유채과

튼튼하고 키우기 쉽다. 🌱🌱🌱

수확량이 만족스럽다. 🌱🌱🌱

보는 즐거움이 있다. 🌱🌱

로켓은 이탈리아 요리의 붐을 타고 들어왔다. 로켓샐러드 또는 루콜라라고 부르기도 한다. 풍미는 참깨와 비슷하지만 알싸한 매운맛 때문에 아이들은 먹기 힘든 채소다. 로켓 하나만으로 요리해 먹기보다는 다른 채소와 섞어 먹을 때 그 독특한 맛이 배어 나온다. 샐러드에 넣어 먹는 것이 가장 맛있고, 어린잎일수록 매운맛이 약하다.

매운 것을 잘 먹지 못하는 사람은 좀 더 촘촘히 심을 것. 새싹 채소처럼 잎이 연하고 매운맛도 덜하다.

월	1	2	3	4	5	6	7	8	9	10	11	12
이식·수확		파종		수확					파종	수확		
그 밖의 작업		첫 번째 두 번째			솎아 내기를 겸한 수확		솎아 내기를 겸한 수확			첫 번째 두 번째		
덧거름				액체 비료 주 1회						액체 비료 주 1회		

※ 상단은 봄 파종, 하단은 가을 파종

덧거름 첫 번째 솎아 내기(새싹 채소 수확)를 끝낸 뒤에는 수확이 끝날 때까지 물 대신 주 1회 정도 액체 비료를 준다.

물 주기 건조하면 잎이 상하므로 주의할 것. 단, 한겨울에는 물을 조금씩 준다.

병충해 배추좀나방 유충과 진딧물이 생기기 쉽다. 부직포 등을 잘 이용한다.

1. 파종

원형 화분이나 사각 플랜터를 준비하여 밑거름이 든 배양토를 넣는다. 원형 화분은 흩어뿌리기를 하고, 사각 플랜터는 줄뿌리기를 하여 가볍게 흙을 덮는다(복토). 씨앗이 작으므로 조심스럽게 물을 준다.

이것으로 OK!

로켓은 작을 때 수확해야 먹기 쉬우므로 조금 겹치듯이 씨를 뿌려 촘촘하게 재배한다. 시중에서 파는 로켓은 잎이 너무 커서 맛이 강하다. 잎이 10cm 정도인 것이 부드럽고 먹기 좋다.

2. 덮개 만들기

부직포 등으로 재배 용기를 덮어 주어 해충과 추위로부터 로켓을 보호하자. 아치 형태로 구부린 버팀목을 세워서 그 위에 부직포를 덮으면 된다. 벌레의 침입을 막기 위해 아래쪽을 빨래집게 등으로 고정한다.

로켓 꽃. 마치 하얀 십자가 같다. 이 꽃도 먹을 수 있다.

여기는 확실히!

3. 새싹 채소 수확

씨앗을 뿌린 지 3~4일 정도 지나면 발아하기 시작한다. 본잎이 1~2장 정도 나오면 수확을 겸하여 싹이 무성한 곳을 솎아 낸다. 옆의 잎과 닿지 않을 정도로 하여 모양이 일그러졌거나 힘이 없는 것은 뽑아 내고 포기가 쓰러지지 않게 밑동 쪽에 흙을 몰아 준다.

발아한 모습. 조금 더 자라면 첫 번째 솎아 내기를 한다.

4. 어린 잎채소 수확

본잎이 4~5장 정도 되면 다시 무성해지므로 두 번째 솎아 내기를 해야 한다. 포기 간격은 3~5cm가 적당하다. 간격을 일정하게 유지하면서 절반 정도를 솎아 낸다. 솎아 낸 어린잎도 요리에 이용하자.

이 정도로 자라면 두 번째 솎아 내기를 한다.

5. 수확

10cm 정도 되면 수확하기 시작한다. 포기째 뽑아도 좋고, 바깥쪽 잎만 따도 좋다. 어떻게 하든 작을 때 수확하는 것이 부드럽고 맛있다.

베란다에서 과일 키우기

베란다에서도 과일을 재배할 수 있다. 수확량은 적어도 금방 딴 과일의 맛은 특별하다. 나무 조직으로 된 식물, 즉 목본성(木本性) 과일은 그루를 크게 키우면 다음 해에 수확할 때 큰 기대를 할 수 있다. 한철만 수확하고 끝나는 채소 재배와는 또 다른 기쁨이 있다. 한해살이풀에 속하는 멜론도 생각보다 쉽게 키울 수 있다.

블루베리(철쭉과 / 낙엽관목)

- 수확기 6~7월(하이부쉬계)
- 묘목이 나오는 시기 5~6월

블루베리에는 '하이부쉬(highbush)계'와 '래빗아이(rabbiteye)계' 두 가지 주요 계통이 있다. 추운 지역에 적합한 것이 하이부쉬계이고, 따뜻한 지역에 적합한 것이 래빗아이계이다. 하지만 요즘은 품종이 개량되어 따뜻한 지역에서 재배 가능한 하이부쉬계 품종도 등장하고 있다. 재배지에 적합한 품종인지 아닌지는 구입할 때 확인하면 된다. 일반적으로 래빗아이계의 블루베리는 다른 품종 몇 그루를 섞어서 함께 심지 않으면 열매가 잘 열리지 않는다. 공간이 좁은 베란다에는 많은 화분을 둘 수 없으므로 우리 집에서는 한 그루만 심어도 열매가 잘 열리는 하이부쉬계를 심어 충분한 양을 수확하고 있다. 블루베리는 산성 토양을 좋아하므로 전용 배양토를 사용하거나 산도 조정을 하지 않은 피트모스를 반드시 첨가할 것.

레몬(귤과 / 상반목)

- 수확기 10~11월
- 묘목이 나오는 시기 9~10월

수입 레몬은 1년 내내 구입할 수 있다. 하지만 레몬을 직접 키워 보는 재미를 느끼고 싶지 않은가? 레몬은 낮은 기온에 약하므로 반드시 추위 대책을 세워야 한다. 나무가 부실할 때는 열매가 열려도 떨어지는 경우가 많지만 5~6년 정도 지나면 안정된다. 구입할 때는 어린 나무가 아닌 2~3년생 이상의 튼튼한 묘목을 고르는 것이 중요하다. 한여름에 나무가 건조하면 잎이 떨어지므로 물 주기를 확실히 해야 한다. 밑동 쪽을 볏짚 등으로 덮어 주어도 좋다. 호랑나비 유충이 생기면 눈 깜짝할 사이에 잎을 갉아먹으므로 자주 확인할 것.

멜론 (박과 / 덩굴성 한해살이풀)

● 수확기 7~8월
● 파종 3~4월
● 모종이 나오는 시기 5월

예전에 소형 품종의 멜론 씨앗을 사서 재배한 적이 있는데 열매가 익기 바로 직전에 시들어 버린 경험이 있다. 아까워서 그 열매는 절여서 먹어 버렸다. 다음 해에는 모종으로 도전해 잘 익은 멜론을 무사히 수확할 수 있었다. 머스크멜론이었는데, 모양이 덜 예쁜 것이 흠이었지만 맛은 최고였다. 가정에서 재배하기 알맞은 품종을 골라 덩굴을 램프형으로 뻗게 하면 키우기 쉽다. 멜론은 가루받이를 한 지 40~50일 정도 지나면 열매가 완전히 익는다. 열매가 익었는지를 겉으로는 확인할 수 없으므로 수확 시기를 가늠하기 위해서는 가루받이한 날짜를 메모해 두면 좋다. 열매가 커지면 줄기가 꺾이지 않도록 끈과 그물을 사용하여 열매를 들어올려 받쳐 준다.

포도 (포도과 / 덩굴성낙엽관목)

● 수확기 9월
● 모종이 나오는 시기 6~8월

포도는 자가 결실성이 있어서 한 그루만 있어도 열매가 열리지만 어린 묘목부터 재배한다면 열매를 맺기까지 2~3년 정도 걸린다. 예전에 집에서 꺾꽂이를 한 포도는 4년이 지나서야 겨우 열매를 맺었다. 그러므로 쉽게 재배하고 싶다면 어느 정도 육성된 큰 묘목을 구입하는 것이 좋다. 사진 속의 캠벨얼리(campbel early)는 열매 달린 나무를 화분에 심어 놓은 것을 구입한 것이다. 열매가 달린 묘목은 어떤 특징을 가진 품종인지 확인할 수 있어서 확실하다.

포도를 관리할 때는 휴면기에서 깨어나는 3월과 수확이 끝난 11월에서 12월쯤에 비료를 주어야 한다. 가지치기는 휴면기인 12월에서 1월 사이에 한다. 포도는 올해에 자란 가지에서 다음 해에 열매를 맺지만 조금씩 가지를 쳐 주면 열매가 잘 열린다. 옮겨심기는 가을에 잎이 다 떨어진 이후에 한다.

용어 설명

이 책에 나오는 주요 원예 용어를 정리해 보았다. 책을 읽는 데 참고하기 바란다.

가지 다듬기 가지치기를 하여 식물의 모양을 다듬는 것. 채소에서는 열매 양과 수확량을 늘리기 위해 포기 형태를 다듬거나 가지와 덩굴 수를 제한한다.

곁눈 줄기와 가지 중간에 있는 잎겨드랑이에서 나오는 싹.

고형 비료 효과 빠른 액체 비료에 비해 효과가 오래 지속된다. 분말과 입상 형태가 있다. → p.35

꽃대 → p.30

꽃봉오리(花蕾) 굵어진 꽃줄기와 그 끝에 있는 봉오리. 브로콜리와 콜리플라워는 이것을 먹는다.

덧거름 생육 중간에 주는 비료를 말한다. 생육이 왕성하고 오랜 기간 자라는 식물은 밑거름만으로는 비료가 모자란다. 따라서 생육 상태에 따라 효과가 빠른 액체 비료나 효과가 지속적인 비료를 줄 필요가 있다. → p.35

떡잎 식물이 발아했을 때 처음에 나오는 잎(자엽).

램프형 식물의 덩굴을 키우는 방법 가운데 하나. 램프형 버팀목(p.39)에 덩굴과 줄기 등을 나선형으로 유인하여 열매를 맺게 하거나 꽃을 피우게 하는 방법.

만생종 → p.30

목본(木本) 초본(줄기가 목질화되지 않고 어느 정도 자라면 굵어지지 않는 것)에 대응하는 것으로 줄기가 목질화되어서 몇 년 동안 생육하는 식물을 말한다.

밑잎 줄기의 아래쪽에 있는 잎.

밑거름 파종이나 이식하기 전에 흙에 미리 섞어 놓는 비료. 식물의 생육 기간 동안 효과가 지속되도록 속효성이 있는 비료와 완효성과 지효성이 있는 비료를 배합해 놓은 것이 많다.

바닥돌 물 빠짐과 통기성을 좋게 하기 위해 화분 바닥에 넣는 크고 가벼운 돌과 흙.

바닥망 흙과 돌이 흘러 나가거나 해충이 들어가지 않도록 화분 바닥 구멍에 까는 그물망.

배양토 식물을 키울 때 사용하는 흙. 일반적으로 적옥토와 부엽토, 버미큘라이트 등 여러 가지 성질을 가진 흙을 혼합해서 사용한다.

버팀목 식물이 쓰러지지 않게 받쳐 주거나 덩굴성 식물이 감고 올라갈 수 있게 하는 자재 → p.39

복토 씨앗을 뿌리고 난 뒤 그 위에 덮는 흙.

본잎 떡잎에 대응하는 것으로, 식물 본래의 잎을 말한다. 이른바 영구 잎 같은 것.

부직포 섬유를 짜지 않고 열과 압력으로 천 모양을 만든 것. 보온·보습·방충 등의 목적으로 식물에 덮어서 사용한다. → p.41

산도 조정 흙의 산성도를 조정하는 것. → p.22

생장점 줄기와 뿌리 끝에 있는 세포 분열 조직.

소형종(矮性) 포기의 키가 작은 성질.

솎아 내기 지나치게 무성한 곳의 포기를 뽑아 내거나 잘라 주어 포기와 포기 간격을 넓히는 것. 햇볕을 잘 들게 하고 통풍을 잘되게 하여 튼튼하게 키우기 위함이다. → p.32

순 따기 가지 끝을 따내는 것. 곁순을 나게 하거나 과도한 성장을 억제하기 위함이다.

싹 고르기 필요 없는 싹을 골라서 뽑아 내는 일. 모양을 다 듬거나 열매 수를 제한하여 품질이 좋은 열매를 얻기 위함이다.

씨방(자방) 암꽃술이 있는 곳의 볼록한 부분. 수정이 되면 커지면서 과실이 된다.

웃자람 식물 줄기와 잎이 지나치게 약하게 자란 것. 일조량이 부족하거나 물을 너무 많이 주었을 때 나타난다. 질소 과다도 원인이 된다.

육묘 파종이나 꺾꽂이 등으로 얻은 모종을 알맞은 환경에서 관리하여 좋은 모종으로 키우는 것.

액체 비료 비료를 물에 녹인 것으로, 효과가 빠르다. 원액을 물에 타서 농도를 낮추거나 분말을 물에 녹여서 사용한다. 그대로 사용할 수 있는 것도 있다. → p.35

자가 결실 하나의 꽃 또는 같은 포기 내의 꽃끼리 수정하여 열매를 맺는 것. 식물의 종류에 따라 다른 포기의 꽃이 아니면 수정과 결실을 하지 않는 것도 있다.

줄뿌리기 재배 용기나 밭 등에 적당한 간격으로 긴 홈을 파고 거기에 씨앗을 뿌리는 것. → p.31

점파 화분이나 밭 등에 일정한 간격으로 구멍을 뚫어 한 군데에 몇 알씩 씨앗을 뿌리는 것 → p.31

접붙이기 한 식물의 일부를 다른 식물(접본)에 접목하여 새로운 개체를 만드는 기술. 병해에 강하고 생육이 왕성한 접본을 사용하면 튼튼한 개체를 얻을 수 있다.

정식(定植) 모종이나 알뿌리 등을 마지막까지 키울 장소에 옮겨 심는 것(옮겨심기).

조생 → p.30

직파 화분이나 밭 등의 재배 장소에 씨앗을 직접 뿌리는 것. → p.31

첫 번째 꽃 어느 한 포기에서 가장 처음 피는 꽃.

첫 열매 어느 한 포기에서 가장 처음 열리는 열매.

포기 간격 포기를 정렬해서 심을 때 포기와 포기 사이의 간격.

포트 파종 씨앗을 정식으로 재배할 곳이 아닌 비닐 포트에 뿌려서 육묘하는 방법.

흩어뿌리기 화분이나 밭 전면에 씨앗을 흩어서 뿌리는 것. → p.31

지은이 | 마키 후미에(真木文絵)

영국왕립원예협회회원. 도쿄 출생으로 도쿄여자대학 영미문학과를 졸업했다. 동화 작가이자 원예 수필가이며, 지 렁이 퇴비 만들기를 지도하고 있다. 어렸을 때부터 식물과 곤충을 매우 좋아했다. 현재 채소와 화초를 재배하면서 개 두 마리와 지렁이 오천 마리(추정) 그리고 아들 둘과 남편을 돌보며 지낸다.
저서로는 그림책《통통이의 엉덩이》,《화분과 지렁이》,《도시락 친구》,《유쾌한 크레용》등이 있다.

지은이 | 이시쿠라 히로유키(石倉ヒロユキ)

도쿄일러스트레이터협회회원. 시마네(島根) 현 마츠에(松江) 시에서 태어나 다마(多摩)미술대학 회화과를 졸업했 다. 일러스트를 비롯하여 에세이, 사진, 디자인, 목공, 페인팅까지 여러 가지 분야의 일을 소화하며 무엇이든 만들어 내는 달인이다.
저서로는 마키 후미에 씨와 공동 작업한 그림책 외에 수필집《취미는 원예, 날씨에 따라 기분이 달라요》,《생활 속 의 놀이》,《야호! 초록 시간표》가 있으며, 실용서로《주방 데코레이션》,《애완견 데코레이션》등이 있다.

옮긴이 | 정세환

1972년 생으로, 동덕여대 일어일문학과 졸업 후 일본외국어전문학교 일한통역학과를 졸업했다. 역서로는《구매충 동 심리학》이 있다.

우리집 베란다愛
채소 정원 가꾸기

초판 1쇄 인쇄 | 2007년 5월 10일
초판 2쇄 발행 | 2010년 3월 10일

지은이 | 마키 후미에 · 이시쿠라 히로유키
옮긴이 | 정세환
펴낸이 | 양동현
펴낸곳 | 도서출판 아카데미북

출판등록 | 제13-493호
주소 | 서울 성북구 동소문동4가 124-2
대표전화 | 02) 927-2345 팩시밀리 | 02) 927-3199
이메일 | academy@academy-book.co.kr

ISBN 978-89-5681-067-6 / 13520

잘못 만들어진 책은 구입한 곳에서 바꾸어 드립니다.

www.academy-book.co.kr